现代科技知识博览

# 航天科技知识

李 杉 主编

科学普及出版社

·北 京·

**图书在版编目(CIP)数据**

航天科技知识/鲍青磊主编.—北京：科学普及出版社，2010.9（2011.8 重印）

（现代科技知识博览/李杉主编）

ISBN 978-7-110-07295-0

Ⅰ.①航… Ⅱ.①鲍… Ⅲ.①航天学-普及读物 Ⅳ.①V4-49

中国版本图书馆CIP数据核字（2010）第185506号

丛书名　现代科技知识博览
书　名　航天科技知识
责任编辑　鲍黎钧　康晓路
封面设计　梁　宇
责任校对　林　华
责任印制　张建农

出　版　科学普及出版社
发　行　科学普及出版社发行部发行
地　址　北京市海淀区中关村南大街16号
邮政编码　100081
电　话　010-62103373　62173865
传　真　010-62173081
网　址　www.kjpbooks.com.cn
印　刷　北京市昌平新兴胶印厂
开　本　720毫米×1000毫米　1/16
印　张　14
字　数　192千字
版　次　2010年9月第1版
印　次　2012年6月第3次印刷
印　数　5001-8000册
定　价　27.80元
标准书号　ISBN 978-7-110-07295-0/V・27

# 内容提要

本书是一部关于航天科技知识的科普图书。

自1903年12月17日，奥维尔·莱特进行了人类历史上第一次有动力、持续的、可操纵的飞行至今，航天工程取得了骄人业绩。我国航天工业虽然起步较晚，但同样取得了举世瞩目的成就。本书将向读者讲述航天事业的来龙去脉，展现航天事业的宏伟蓝图。

本书以一个个独立词条，独立的章节对基础知识、载人航天、卫星、航天探索等方面进行了详细介绍与讨论。

# 编委会

# 目 录

## 第一章 基础知识

## 第二章　载人航天

## 第三章　卫　星

# 第四章 航天探索

# 第一章　基础知识

## 人类飞行史上影响深远的人

飞机的出现使战争变得更残酷，也在2001年9月11日这一天留下了永久的创伤。但是我们却不能否认飞机带给人类更多的是进步，它拉近了人与人之间的距离，拉近了地球与宇宙的距离，拉近了人类与未来的距离……在人类的飞行史中，这些人的名字最应该值得我们关注，他们或值得我们关注，或值得反思。

### 莱特兄弟

1903年12月17日，奥维尔·莱特进行了人类历史上第一次有动力、持续的、可操纵的飞行。同一天，他们又接着飞了3次，其中最好的一次持续了59秒，飞行距离260米。

### 塞缪尔·兰利

19世纪80年代后期美国最著名的科学家之一。塞缪尔·兰利多年来一直致力于可操纵、有动力的飞机研究事业上。尽管在研制第一架飞行器的竞争上，兰利败给了莱特兄弟，但这丝毫没有影响到他在美国航空航天局兰利研究中心的地位。美国制造的第一艘航空母舰就是以他的名字命名的。

### 格伦·柯蒂斯

和莱特兄弟一样，柯蒂斯曾是一家自行车商店老板。1907年柯蒂斯加入了亚历山大·格雷厄姆·贝尔航空试验协会，并在1914年成为美国最著名的飞机制造家。他研制出了当时许多有重大影响力的飞行器，其中包括第一架可以在船上起落的飞艇和飞机。因为这些贡献，柯蒂斯被称为“海上飞行之父”。

### 查尔斯·林白

1919年，纽约酒店的老板雷蒙德·奥特洛许诺说，如果有谁能驾驶飞机从

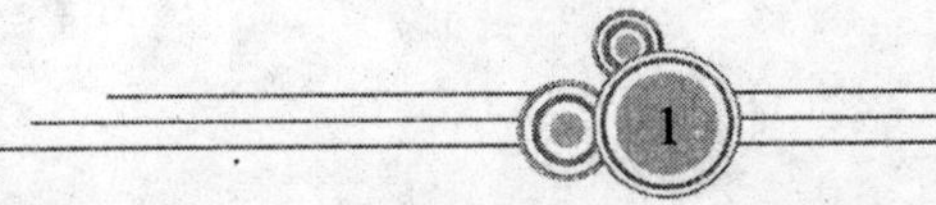

纽约不着陆飞越大西洋抵达巴黎，他就将付给这位勇士2.5万美元。25岁的查尔斯·林白做到了，1927年5月21日法国当地时间晚上22时21分，他驾驶的飞机降落在巴黎近郊的布尔歇机场。

**阿米利亚·埃尔哈特**

飞行史上最著名的女性无疑就是阿米利亚·埃尔哈特，她被人们称为"林白女士"，意为女性中的林白。1928年，埃尔哈特和另外2个人乘飞机飞越大西洋。4年后，她成为继林白之后又一个孤身飞行的飞行员。

**曼弗雷德·冯·里希特霍芬**

德国的王牌飞行员，被冠以"红公爵"的称号。在一次世界大战中，里希特霍芬总共击落了80架飞机，是当时击落飞机数最多的飞行员。

**阿道夫·格兰德**

在德国纳粹空军9位受勋的飞行员中，他是唯一一位一路从双翼机飞到喷气机的人。他的注册商标——小胡子和雪茄烟，以及他机上的装饰图案米老鼠，是许多人耳熟能详的标志，而他以飞行员之身能晋升至中将军衔也实属少见。格兰德因反对上司赫尔曼·戈林的一个决定于1945年1月辞职，这使得他名声大噪。

**吉米·杜利特尔**

第一个在24小时内完成横跨美国本土的飞行员，也是第一个尝试蒙眼飞行的人。1942年4月18日，杜利特尔带领着一个拥有16架轰炸机的中队进行长途奔袭，对日本进行了轰炸，以报复日本偷袭珍珠港。凭借此次出色表现，他还获得了美国国会荣誉勋章。后来，杜利特尔又在欧洲战场中发挥了重要作用。

**弗朗西斯·加布莱斯基**

第二次世界大战中7个王牌飞行员中最为出色的一个，也是美国历史上最受人尊敬的一位战斗机驾驶员。第二次世界大战中，他共击落了28架敌机，成为美国最著名的飞行员。

**阿瑟·哈瑞斯**

空战历史上最具争议性的人物之一，一战中英国皇家空军的一名飞行员，1942年升为轰炸机中队指挥官。他首次提出了"区域轰炸"的战略概念，不再将攻击目标严格限制在军事目标范围内。在此战略下，德国汉堡、科隆和得雷斯顿均遭到大规模轰炸，造成约60万无辜平民死亡。

### 查克·耶格尔

王牌飞行员，在第二次世界大战中击落12.5架敌机，第一个突破音速的人，并于1953年创造了2.44马赫的纪录。因为没有大学文凭，耶格尔没能成为一个宇航员。然而，他的超音速试飞却有着深远的影响，打破了人们以往认为星际探索不可能的断言。

### 尼尔·阿姆斯特朗

阿姆斯特朗为人类进步迈出了一大步。1969年7月20日，身为阿波罗11号任务指挥官的他成为了第一个踏上月球的人，后来被授予美国总统自由勋章。

### 尤里·加加林

在纳粹侵略战争中幸存下来的加加林成为了前苏联的英雄，作为人类的首个太空人——1961年4月12日，加加林乘坐宇宙飞船绕地球轨道飞行了108分钟。

### 威廉·波音

波音初始把目光转到了飞机制造上来，他坚信自己能制造出一种更好的飞机模型。他同乔治·康拉德·韦斯特维尔特一起制造出了第一架海上飞机，取名为蓝凫。受到这一成功的鼓舞，波音创建了太平洋航空产品公司，随后改名为波音飞机公司。

### 约翰·特里普

泛美航空公司总裁，他开始把焦点集中在从西方大城市到古巴哈瓦那的邮件寄送路线。特里普的海上飞机就在跨大西洋和太平洋的第一条商业路线上来往，为泛美航空公司在战后洲际运输上占主导地位奠定了基础。他的另一个贡献便是将波音707和波音747大型喷气式飞机投入商业运行。

### 亨利·福特

1923年，福特开创了福特空中运输服务公司。1925年，福特在密歇根州迪尔伯恩修建了第一个现代化机场，并开办了福特汽车公司的斯图尔特金属飞机分公司。到1926年，福特已经成为世界上最大的商业飞机制造商。著名的四引擎

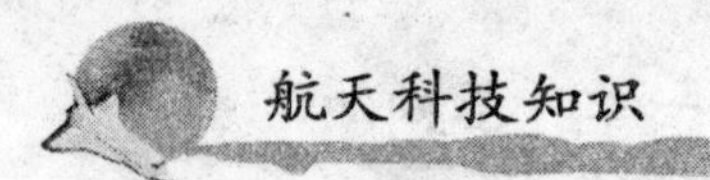


B－24“解放者”轰炸机，就是福特公司在第二次世界大战时的“作品”。

**唐纳德·道格拉斯**

道格拉斯曾为美国海军制造鱼雷轰炸机。1936年，他研制出了后来被称为第一架现代客机的DC－3飞机，该飞机系列的C－47军用飞机曾在第二次世界大战中发挥了重要作用。但是财务上的困境最终使道格拉斯的公司于1967年与圣路易斯的麦克唐纳飞机公司合并，这也是现在麦道飞机的来源。

## 人类飞行史上著名飞行器

**“飞行者”**

1903年12月17日，当莱特兄弟完成了人类第一次有动力、持续的、可操纵的飞行时，他们所驾驶的“飞行者”号飞机就成了所有飞机的鼻祖。

**“布莱里奥特XI”**

1909年7月25日，路易斯·布莱里奥特乘坐这架飞机完成了著名的飞越英吉利海峡的壮举。他的成功得到了广泛的宣传，几乎从运动员到军官的所有人都去排队买“布莱里奥特XI”飞机。作为当时最好的飞机，“布莱里奥特XI”飞机影响了此后10年的单翼机设计。

**“兴登堡”**

“兴登堡”全长245米，拥有两层舱位，足够搭载72名乘客。“兴登堡”本被认为是未来国际客运服务的模型，但在1937年5月6日，“兴登堡”却在美国莱克赫斯特的海军航空站中毁于火海，起火原因至今仍是一个谜。

**“伊莱克特拉”**

建造于1934年的全金属“伊莱克特拉”飞机，是当时较轻、较快、较豪华的一种飞机。

**“喷火”**

1938年制造，是20世纪40年代大不列颠之战以及第二次世界大战中的著名战斗机。“喷火”也是所有军事飞机中最具传奇色彩的一种战斗机，它仅能乘坐

一人，驾驶舱距离椭圆形的机翼非常近。

**B－52**

它拥有8个引擎，能携带6万磅炸弹，以及能乘坐6人。该飞机原本是设计来向前苏联投放原子弹的。随着机上设备的更新换代，这种被称为“空中凯迪拉克”的轰炸机目前依然在美军服役。

**AH－1“眼镜蛇”**

“眼镜蛇”是第一架设计为武装直升机的旋转翼飞机，它将直升机仅能运输部队和装备的作用扩展到了作战方面，开创了武装攻击直升机的先例。“眼镜蛇”可携带多种武器，包括反坦克导弹，它1965年首飞，2年后便参加了越南战争。

**F－117“夜鹰”**

从角状设计到表面的雷达吸收涂料，F－117的目的就是——“隐形”，在不被敌人发现的情况下执行飞行任务。亚音速的速度使得F－117更适用于夜间作战。在海湾战争中，这种造价高达4000万美元的家伙发挥了重要的作用，有资料显示，30%的被打击目标都是由F－117完成的。

**道格拉斯DC－3/C－47**

道格拉斯DC－3是20世纪30年代最成功的客运飞机，即使在喷气式飞机开始崛起的60年代，它依然成为许多乘客的首选。截至1939年，四分之三的美国乘客乘坐过DC－3。在第二次世界大战中，DC－3被用为军事运输机，称为C－47，代号“信天翁”。据统计，当时共有9000多架C－47运输机在战争中服役。今天，仍有许多该型飞机翱翔在天空中。

**波音314**

20世纪30年代设计制造的波音314飞机是当时最巨型、最豪华的远程飞机，连美国总统罗斯福也乘坐过波音314。第二次世界大战中，波音314也充当过运输机。建造后的近30年间，它一直是世界上最大的商业客机。

**波音747**

20世纪60年代由波音公司和泛美航空公司共同研制，是世界上最大、最重、动力最强的客机。1970年，波音747空中巨无霸正式进入商业领域。美国总统的专机“空军一号”，就是根据波音747－200B型改造而来的。

**“协和”客机**

尽管只生产了16架，但协和却因为是世界上第一架能以两倍音速飞行的客机而闻名于世。协和客机是在法国和英国的合作下生产的，1976年，法国空军和英国航空公司开始使用协和飞机。然而，来自环境的压力和不断上涨的燃油价格使一些购买者望而却步，2003年5月，协和正式告别蓝天。尽管没有大规模使用，但协和依然是航空业上的一个里程碑。

**“东方1号”**

人类首次太空飞行让人们记住了前苏联人加加林的名字，他的“坐骑”就是“东方1号”太空船。不过，当时科学家们并不知道太空会对人为操纵的飞船有什么影响，所以“东方1号”属于自动驾驶的飞船（这就意味着，加加林严格地说不算是一个驾驶员，而仅仅是一个乘客。）。

**“自由7号水星”**

1961年5月5日，美国人艾伦·谢巴德乘坐“自由7号水星”太空船进行了15分钟的绕地球小轨迹飞行，成为第一个上太空的美国人。“自由7号”允许一些人为操作，这是它不同于“东方1号”的地方。不过，在飞船成功降落在大西洋之前，谢巴德不能弹出座舱，他只能等待飞机的救援。第二次飞行在着陆后，紧急救生舱发生爆炸，然后沉入了海底。还好第三次约翰·格伦绕地球轨道飞行相当成功，总算是给美国人挽回了面子，让美国在太空竞争中赶上了前苏联。

**“阿波罗11号”**

这艘太空飞船由3个部分组成：哥伦比亚指挥舱、服务舱和老鹰登月舱。也就是靠着这艘飞船，1969年7月人类首次实现了登月的壮举。至今美国史密森尼博物院内的国家太空博物馆内依然保存着返回地球的哥伦比亚指挥舱。

**航天飞机**

20世纪70年代，美国航天宇航局着手建造一种有翼可回收的太空船，其优点就是更好、更快和更廉价。飞船垂直发射，但着陆则是和以往飞船不同的水平

式。1979 年发射的“哥伦比亚”号就是该系列的第一种飞船，随后还有“挑战者”号、“探索”号和“努力”号。不过，1986 年 1 月“挑战者”号发射后不久爆炸，17 年后，一艘“哥伦比亚”号太空船也在得克萨斯州上空解体。这两场灾难都是人类航天史上的阴影和悲剧。

## 航天员、宇航员和太空人的区别

“航天员”是指驾驶载人航天器和从事与太空飞行任务直接有关的各项工作的人员，它既与航天地面工作人员相区别，也与乘载人航天器进入太空的其他人员相区别，就像飞行员与航空地勤人员和乘客相区别一样。

我们既然已将宇宙航行第一阶段，即在太阳系内的活动定义为“航天”，那么，将从事上述有关工作的人员叫“航天员”是顺理成章的，正如将这个事业、从事这个事业的机构和工程叫“航天事业”、“航天局”和“航天工程”等一样。这已是许多人接受的原则，也体现出中国人很在意词汇的准确性。

“宇航员”是“宇宙航行员”的简称。由于航天是宇宙航行的一部分，即第一阶段，将有关人员称为“宇航员”并无不可。欧美的这种称呼代表了未来更大空间的探索企图。

但是，当“航天”和“宇航”同时出现时，会给人带来一丝疑惑。如“航天飞机上的宇航员”，总有“轮船上的飞行员”之含义的嫌疑。

“太空人”是英文 Space Man 的直译，这也并无不可。但它难以与“进入太空的人”、“太空中的人”严格区分开来，而且容易与“外星人”联系起来。

还有，既然我们已认同将 Space Shuttle（直译为“太空穿梭机”）转译为“航天飞机”，Space Man 也应可转译为“航天员”。这样，它与“航天飞机”一样，既更加适合汉语习惯，也更加忠实于原意。

这里顺便说一下，在英语中，表示地面以上宇宙空间的词，主要有两个，即 Sky 和 Space. 它们基本上与汉语“天空”和“太空”对应。在人类活动冲出地球大气层以后，Sky 和 Space 的应用站叫“Skylab”（天空实验室）。在这里，Sky 和 Space 同义了。但后来趋向于 Sky 是指地球大气层空间，Space 指地球大气层以外的宇宙空间。这样，英语同样缺少细分宇宙空间的词汇。因此，我们完全不必受英语词汇的限制，应根据需要创造“太空”、“银空”、“外空”、“航天飞机”之类的、有物理含义界定的新词汇。

约定俗成的，被俄罗斯航空及航天局雇佣的宇航员或前苏联的宇航员都被称为“космонавт”（kosmonavt），其英文版本为 Cosmonaut。“космонавт”来自希腊语单词“kosmos”（代表“全宇宙”）和“nautes”（代表“船员”）。事实上，“cosmonaut”和“astronaut”意义相同，选择所使用词语的原则常常是政治因素。1995 年 3 月 14 日，宇航员诺曼·萨伽德成为首位乘坐俄罗斯发射的航天器上太空的美国人，可以认为在此过程中，他成为首位美国“cosmonaut”。

据称，马来西亚的赵里昱（Chiew Lee Yih）在 1998 年 3 月创造了“Taikonaut”（太空人）一英文词，并首先在某个网络科技论坛里使用。差不多同时，陈蓝（ChenLan，音）在其“Go Taikonaut”的网页里使用它。这个词普遍被西方媒体用来称呼中国的太空人。“Taikonaut”由“太空”的汉语拼音“taikōng”和“船员”的英文缩写“naut”或“航行者”的希腊文“naus”，“宇航员”的英文“Astronaut”删节组成。但在中国官方所发布的稿件中，多半坚持使用更带技术性的名词“航天员”（astronaut），意思为“太空航行者”。

## “倒计时”的由来

我们在迎接诸如“世博会”、“奥运会”等时，往往采用倒计时的方式告诉人们距会期还有多长时间，人们只要看到倒计时的数字，心里就非常明确。那么，“倒计时”是怎样来的呢？原来，“倒计时”来源于火箭倒数发射程序。

1926 年 3 月 16 日，世界上第一枚液体火箭在美国马萨诸塞州发射成功，由此激起人们对航天技术的研究兴趣。第二年，航天科技爱好者们相约到德国聚会，成立了“太空航行协会”，并出版了《宇宙飞船》杂志，其创刊号上，画有一环绕地球运行的宇宙飞船，题名“一小时半绕地球一周”。34 年后，当时的苏联成功地发射了世界上第一艘宇宙飞船“东方 1 号”。不久，航天技术研究也引起了电影界的兴趣，德国的乌发电影公司拍摄了描写太空旅行的科技幻想片——

《月球少女》。该片导演弗里兹·朗格在火箭发射的镜头中设计了“……3、2、1、发射!”的倒数发射程序。该科幻片放映后，在世界上引起轰动，更加激起人们对航天技术的兴趣。而导演弗里兹·朗格设计的倒数发射程序，更引起了火箭专家们的极大兴趣，专家们认为，该程序设计十分科学，它简单明了、清楚准确，突出地表现了火箭发射的准备时间逐渐减少，使人们思想集中，产生准备时间即将完毕、发射就要开始的紧迫感。

从此，倒数计时发射程序就在火箭发射中被普遍采用了，并广泛引用到其他领域的计数和计时中去。

## 空间科学

空间科学以航天技术为基础，研究发生在日地空间、行星际空间及至整个宇宙空间的物理、天文、化学及生命等自然现象及其规律的科学。主要包括：空间物理学、空间天文学、空间化学、空间地质学和空间生命科学等学科。

空间物理学主要研究发生在日球空间范围内的物理现象的学科。它的研究对象，包括太阳、行星际空间、地球和行星的大气层、电离层、磁层，以及它们之间的相互作用和因果关系。

日地物理学（即日地关系）是空间物理学的主要部分，是太阳物理学和地球物理学之间的边缘学科。它研究太阳能量的产生、辐射、在日地空间的传播和对地球所产生的影响等。

这两门学科经过比较研究，可更好地理解日地系统的物理过程，从而取得对作为一个整体的太阳系的深刻理解。如地球磁层的概念，同水星、木星、土星的磁层比较；地球的大气结构与金星、火星、木星的大气比较；地球的电离层与金星、木星、土星的电离层比较等。

空间天文学是利用空间飞行器在地球稠密大气外进行天文观测和研究的一门学科。空间技术的发展，开拓了红外天文学、紫外天文学、X 射线天文学和 γ 射线天文学等崭新的领域。

空间天文学的诞生，使天文学又出现了一次大的飞跃。所研究的星空迥异于

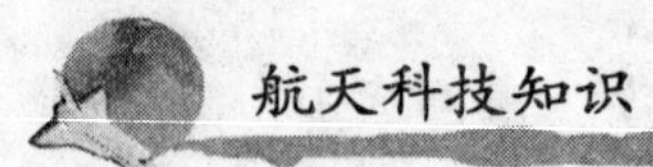


地面光学和射电天文观测到的星空。可以说，现代天文学的成就，很多都与空间天文学的发展有关。它改变了对宇宙的传统观念，对高能天体物理过程、恒星和恒星系的早期和晚期演化、星际物质等的了解，加深了对宇宙的认识。

空间化学研究发生在空间的化学过程、宇宙物质的化学组成及其演化的一门学科，又称宇宙化学。

空间化学研究的主要对象，包括太阳系天体、恒星、星系、星际物质和星系际物质。空间化学要研究构成宇宙物质的化学组成，包括元素、同位素、分子等，以及它们的化学演化规律。利用空间飞行器在大气外观测，使频谱分析波段由可见光扩展到了红外线、紫外线、X 射线和 γ 射线范围；在星际空间发现了许多种分子，其中有一些是比较复杂的有机分子，如氰基氨等；对月球和行星的化学组成进行了分析。这使空间化学研究的内容不断地丰富起来，从而形成了空间化学。空间化学的发展，对于太阳系的起源、天体的起源和生命的起源等重大科学问题，有着密切的联系。

空间地质学是研究月球、行星及其卫星等天体的物质成分、结构，以及形成和演化历史的一门学科。

空间生命科学是研究在宇宙空间的生命现象和探索地外生命、地外文明的一门科学。

人和生物在宇宙空间的活动已经被证明是可行的。但是，生命在宇宙空间长期生存，就有着一系列需要研究的科学问题。这包括：微重力条件、宇宙辐射环境以及生活规律的改变给人和生物带来的影响、生命保护系统等；利用空间飞行来寻找宇宙中的生命，是十分令人感兴趣的重大科学问题。经过对行星的探测，特别是对火星的探测，尚未发现生命的迹象。但已在空间发现了 30 多种有机分子，其中有几种属于地球生命的基本物质。科学家们渴望能在星际空间找到更高级的有机分子形式。

## 空间探测

空间探测是空间科学研究的基础，是空间探测体系的组成部分。它主要以探

空火箭、人造地球卫星、人造行星和宇宙飞船等飞行器为主，与地面观测台站网、气球相配合构成完整的空间探测体系。空间探测的主要类型包括：①空间飞行器探测。指人造地球卫星、月球和行星探测器、空间实验室、航天飞机等的探测。这是空间探测的主要手段，探测的空间范围广、时间长。②火箭探测。探测的机动性强，但由于飞行时间短而受到某些限制。③气球探测。比较简便，适宜对平流层、臭氧层的探测，不足之处是探测范围小，探测高度也受到限制。④地面台站探测。这是以地面为基地的间接探测方法。具有连续性和稳定性的优点，缺点是受大气层的影响较大。在进入空间时代以后，即以空间飞行器的探测为主。地面探测是辅助性的，但仍是一种必要的探测方法。

## 我国空间技术有哪些成就

空间技术是航天技术的重要组成部分，它以研制航天器为其主要内容，是当今世界高新技术水平的集中展示，也是衡量一个国家综合国力的重要标志。我国空间技术的成就，是国家科技整体水平不断提高、综合国力不断增强的重要体现。

我国空间技术始于20世纪50年代后期，是在基础工业比较薄弱、科技水平相对落后的条件下，独立自主地发展起来的。经过近50年的艰苦奋斗、自主创新，建立了完整配套的航天器研究、设计、制造和试验体系，走出了一条适合我国国情、有自身特色的发展道路。我国卫星技术、载人航天技术和深空探测技术取得一系列重大突破，实现了跨越式发展，取得了举世瞩目的成就。

1970年4月24日，我国成功地研制并发射了第一颗人造地球卫星“东方红一号”，从此拉开了中国航天活动的序幕。2003年10月15~16日，我国成功地发射并回收了“神舟五号”载人飞船，中国空间技术取得新的历史性突破，成为世界上第三个独立掌握载人航天技术的国家。2007年10月24日，我国成功地研制并发射了第一个月球探测器“嫦娥一号”卫星，首次月球探测工程的成功，是继人造地球卫星、载人航天飞行取得成功之后我国航天事业发展的又一座里程碑，标志着我国已经进入世界具有深空探测能力的国家行列。

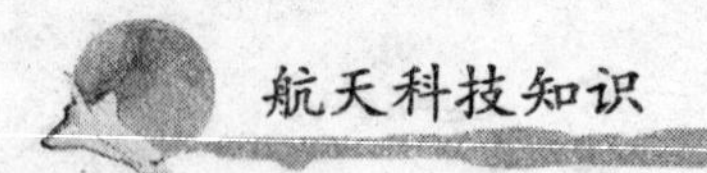


30多年来，通过40多颗各类卫星的研制、发射，我国已经建立了系列完整、配套的航天器研究、设计、制造、试验、发射、测试和运营体系，探索出了一条具有中国特色的发展空间技术的道路，积累了大型系统工程组织管理的经验，培养了大批优秀人才，造就了一支有较强能力的队伍，为新世纪我国空间技术的继续发展奠定了良好的基础。

## 遥感技术

任何物体都具有光谱特性，具体地说，它们都具有不同的吸收、反射、辐射光谱的性能。在同一光谱区各种物体反映的情况不同，同一物体对不同光谱的反映也有明显差别。即使是同一物体，在不同的时间和地点，由于太阳光照射角度不同，它们反射和吸收的光谱也各不相同。遥感技术就是根据这些原理，通过各种传感仪器对远距离目标所辐射和反射的电磁波信息，进行收集、处理，并最后成像，从而对地面各种景物进行探测和识别的一种综合技术。

航空摄影就是一种遥感技术。人造地球卫星发射成功，大大推动了遥感技术的发展。现代遥感技术主要包括信息的获取、传输、存储和处理等环节。完成上述功能的全套系统称为遥感系统，其核心组成部分是获取信息的遥感器。遥感器的种类很多，主要有照相机、电视摄像机、多光谱扫描仪、成像光谱仪、微波辐射计、合成孔径雷达等。传输设备用于将遥感信息从远距离平台（如卫星）传回地面站。信息处理设备包括彩色合成仪、图像判读仪和数字图像处理机等。目前利用人造卫星每隔18天就可送回一套全球的图像资料。利用遥感技术，可以高速度、高质量地测绘地图。

遥感技术通常是使用绿光、红光和红外光三种光谱波段进行探测。绿光段一般用来探测地下水、岩石和土壤的特性；红光段探测植物生长、变化及水污染等；红外段探测土地、矿产及资源。此外，还有微波段，用来探测气象云层及海底鱼群的游弋。

遥感技术广泛用于军事侦察、导弹预警、军事测绘、海洋监视、气象观测等。在民用方面，遥感技术广泛用于地球资源普查、植被分类、土地利用规划、

农作物病虫害和作物产量调查、环境污染监测、海洋研制、地震监测等方面。遥感技术总的发展趋势是：提高遥感器的分辨率和综合利用信息的能力，研制先进遥感器、信息传输和处理设备以实现遥感系统全天候工作和实时获取信息，以及增强遥感系统的抗干扰能力。

## 国际宇航联简介（IAF）

中国宇航学会自1980年加入国际宇航联并成为其有投票权的成员以来，每年均派团参加历年的国际宇航联大会。从1983年开始至今，我国航天专家杨嘉墀、陆元九、陈芳允、梁思礼、陈怀谨、袁家军和吴燕生分别被选为国际宇航联合会副主席。

国际宇航联（IAF）是宇航界非政府性的国际学术组织，成立于1950年9月，总部设在法国巴黎。其宗旨主要是通过科学技术的交流，推动空间技术和外层空间的研究和合作，促进宇航事业及和平利用外层空间活动的发展，在国际学术界颇有影响，并被联合国和平利用外层空间委员会聘为技术咨询机构。至2004年年底，国际宇航联已在44个国家有159个成员组织。它每年分别在有关成员国举行一次大会，同时举办大型学术会议和宇航科技展览，近年来还与联合国联合举办了“发展中国家空间技术效益”的学术讨论会。

国际宇航联于1960年创建两个和它关系十分密切但相对独立的国际宇航学术组织，即国际宇航科学院（IAA）和国际空间法学会（IISL）。迄今为止，中方已有近50名IAA院士。其中任新民、庄逢甘和吴美蓉同志分别担任过和正在担任着IAA的董事会及政策经济会委员。

中国是一个航天大国，举办国际宇航联大会是体现我国航天实力、宣传我国航天成就的好机会。经过中国宇航学会的积极努力争取，在1994年第45届国际宇航联大会上一致通过第47届国际宇航联大会在中国北京召开。

## 什么是《月球协定》

国际空间法之一，全称为各国在月球和其他天体上活动的协定，1979年12月5

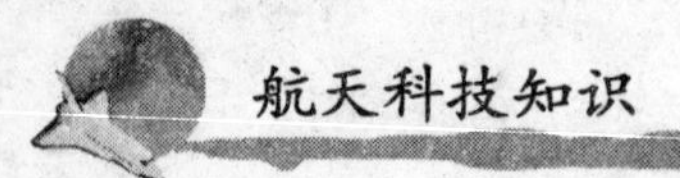


日联大通过，1979 年 12 月 8 日开放供签署，1984 年 7 月 11 日生效。主要内容为：

(1) 月球（包括绕月、飞向及飞绕月球的轨道）应只用于和平目的；禁止在月球上使用武力或以武力相威胁；禁止在月球上设置核武器或任何大规模毁灭性武器；禁止在月球上设立军事基地及军事装置、试验武器及举行军事演习。

(2) 月球探索和利用应为全人类谋福利，不问其经济或科学发展程度；各国都应平等地、不受歧视地按照国际法自由探索和利用月球。

(3) 探索和利用月球时应采取措施，防止月球的现有平衡遭到破坏，防止地球因地外物质的进入受到不利的影响。

(4) 各国可在月球的表面或表面之下的任何地点进行探索和利用。

(5) 月球及其自然资源均为人类共同继承财产，任何国家不得依据主权要求或通过利用、占领或其他任何方式据为己有。

(6) 将建立国际制度，以便有序、合理地开发、利用和管理月球资源；各国应公平分享资源所带来的惠益，并对发展中国家和为开发月球作出贡献的国家给予特别照顾。

(7) 各国对其在月球上的一切航天器、装备、设施和站所等应保持管辖权和控制权，同时应对缔约国开放，以便接受对其活动是否符合月球协定规定的检查。《月球协定》涉及月球资源的开发、利用和分享等与各国切身利益密切相关的问题，各国均持慎重态度，至今批准的国家甚少，美、俄等主要空间国家未加入，我国也未加入。

## 太空垃圾为何多

自从 1957 年，前苏联第一颗人造卫星上天以来，时间已过去了 50 余年。在这些年中，许多国家已经把大量的火箭、卫星和空间站送上太空，同时也给太空带去了越来越多的人工废弃物——垃圾。这些被称为“太空垃圾”的废弃物，主要有三大来源。

第一大来源是那些有意或无意爆炸产生的航天器残骸。有意的爆炸，绝大多数来自前苏联和美国太空战的“预习”。其中前苏联就曾进行了 19 次卫星拦截、

爆炸试验，给太空带来了500～1000块大小不等的碎块垃圾。此外，无意爆炸如1973年间，美国有7枚火箭在轨道上爆炸。1986年，欧洲发射的“阿丽亚娜”火箭刚进入轨道就发生爆炸，其碎块中大于10厘米的就有564块，还有2300多块小于10厘米的。

第二大来源自宇航员漫不经心的过失。如1982年，宇航员瓦伦丁·列勃捷夫在进行例行的太空行走时，他刚刚打开“礼炮7”号空间站的减压舱门，近于真空的太空所具有巨大吸力，把宇航员们不慎留在减压舱内的一些螺栓、垫圈和一支铅笔，都吸到太空中去，成为太空垃圾。更令人遗憾的是，前苏联的一些宇航员还把在太空生活中产生的生活垃圾丢入太空。人们还发现，有一只被一名美国宇航员丢失的手套，竟在空中飘浮游荡了20多年。

太空垃圾的第三个来源，是卫星和火箭的残骸。一些失去效用的卫星，仍在轨道上飞行。虽然它们最终会因飞行速度减小，重返大气层，但恐怕要在几十年到几百年以后。

还有，在近地空间里，还漂浮着有许多火箭的残余部分，如火箭被丢弃的金属外壳、运载火箭的末级残体、散落下来的发动机和各种衔接部件等。

这些各式各样的太空垃圾，数量之多令人瞠目。现在被地面观测和跟踪的垃圾就有近400万块，估计总重量在3000吨以上。它们有的比一辆载重卡车还大，有的只不过是一个小螺钉。它们主要集中在离地数百到2000千米的近地空间里。这些垃圾又都以每秒7～10千米的速度在迅速运转，它们几乎在地球的外层空间编织了一个太空垃圾网。

## 宇宙速度

宇宙速度是指物体达到11.2千米/秒的运动速度时能摆脱地球引力束缚的一种速度。在摆脱地球束缚的过程中，在地球引力的作用下它并不是直线飞离地球，而是按抛物线飞行。脱离地球引力后在太阳引力作用下绕太阳运行。若要摆脱太阳引力的束缚飞出太阳系，物体的运动速度必须达到16.7千米/秒。那时将按双曲线轨迹飞离地球，而相对太阳来说它将沿抛物线飞离太阳。

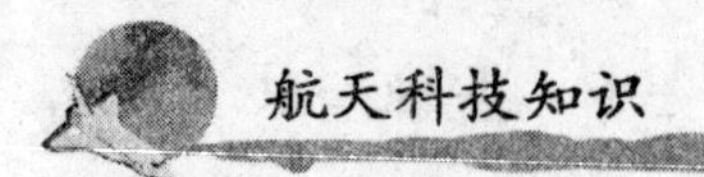


人类的航天活动，并不是一味地要逃离地球。特别是当前的应用航天器，需要绕地球飞行，即让航天器做圆周运动。众所周知，必须始终有一个力作用在航天器上。其大小等于该航天器运行线速度的平方乘以其质量再除以公转半径，即 $F = mv^2/R$。在这里，正好可以利用地球的引力。因为地球对物体的引力，正好与物体作曲线运动的离心力方向相反。

宇宙速度是物体从地球出发，在天体的重力场中运动，四个较有代表性的初始速度砆统称。航天器按其任务的不同，需要达到这四个宇宙速度的其中一个。

第一宇宙速度（又称环绕速度）：是指物体紧贴地球表面做圆周运动的速度（也是人造地球卫星的最小发射速度）。大小为 7.9 千米/秒——计算方法是 $V = gR$（$g$ 是重力加速度，$R$ 是星球半径）。

第二宇宙速度（又称脱离速度）：是指物体完全摆脱地球引力束缚，飞离地球的所需要的最小初始速度。大小为 11.2 千米/秒。

第三宇宙速度（又称逃逸速度）：是指在地球上发射的物体摆脱太阳引力束缚，飞出太阳系所需的最小初始速度。其大小为 16.7 千米/秒。

环绕速度和逃逸速度也可应用于其他天体。例如计算火星的环绕速度和逃逸速度，只需要把公式中的 $m$，$R$，$g$ 换成火星的质量、半径、表面重力加速度即可。

第一宇宙速度是 7.8 千米/秒，这样可以绕轨道飞行；第二宇宙速度是 11.2 千米/秒，可以冲出地球；第三宇宙速度是 16.7 千米/秒，这样可以飞出太阳系。

## 航天蔬菜跟普通蔬菜有什么不同

“茄子像南瓜，南瓜磨盘大，豆角几尺长，青椒大如梨”，这就是航天蔬菜。航天蔬菜的培育专家都说，经过新技术培育出来的航天蔬菜，不仅个大、高产，还“抗病”。

如此优质的品种，究竟是怎么培育出来的呢？有人认为“上去一搭，种子一转，回来就增产”。专家说，其实并非如此。航天育种是一个研究活动，搭载 1000 粒种子，可能只有 10 粒变异，真正有效果，能承担下一步的育种工作。

那么，变异的种子被培育出来对人体是否有害呢？事实上，种子并非返回地面就能直接食用。经过航天诱变以后，果实有大有小，色泽有鲜有淡，味道也有好有坏。下一步需要育种专家去选择具有良好性状的种子，然后留种繁育，而性状差的就被淘汰掉了。由于没有导入任何外来基因，从本质上来说，航天育种技术与自然变异没有任何区别，只是人为地加快了其变异“步伐”。专家指出，航天飞行回来的种子会经过各种专业检测，目前为止没有发现任何放射性的增加，航天蔬菜即使直接食用也没有危险。

专家告诉我们，在航天育种技术应用以前，想要得到品性更加优良的作物，人们只能通过自然条件下的基因突变来进行杂交育种，以前需要经过几十年才能选育出的优良种子，经过航天育种，也许几年内就可以出现。

从原理上说，航天育种技术所选育出来的种子与作物自然条件下发生的变异没有本质区别，都是农作物基因正常的突变。经过科学家的选育和实验，最终走向市场的产品都是安全可靠的。同时，航天育种所产生的基因突变也与自然变异一样，变异结果具有不可预知性。并非种子经过航天搭载就一定会“升值”，变异有好有坏，不受人为的控制。

不少消费者对航天食品存在误解，觉得种子一上天就好像镀了金一样，其实优良的品性都需要经过后期的选育过程才能进一步培育，而非所有的种子“一上天就变好”。

## 欧洲航空防务及航天公司简介

欧洲航空防务及航天公司——世界上第一大跨国航空航天公司。

欧洲航空防务及航天公司是欧洲最大、全世界第二大航空航天及防务公司。在防卫技术、商用飞机、直升机、航天、军事运输及战斗飞机以及相关服务领域，欧洲航空防务及航天公司都居于市场领先地位。其著名品牌包括商用飞机制造商空中客车、世界最大的直升机制造商欧洲直升机公司以及合资的世界第二大导弹制造商 MBDA 公司。欧洲航空防务及航天公司也是欧洲战斗机联合体（Eurofighter）最大的合作伙伴，并主导着 A400M 军用运输机计划。从产品范围

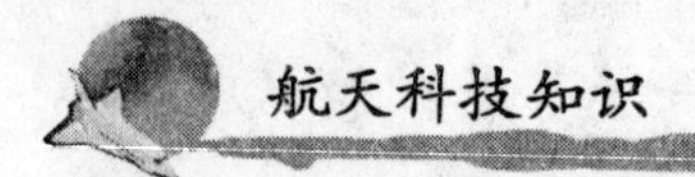



而言，该公司分为五大业务部门：空中客车、军用运输机、航空、航天、防务及安全系统。

欧洲航空防务及航天公司年收入高达301亿欧元，是世界上第二大航空航天公司。该公司约有10.9万雇员，主要位于法国、德国、英国和西班牙。按照荷兰公司法，欧洲航空防务及航天公司属于公众公司（N. V.）。戴姆勒-克莱斯勒的管理委员会成员Manfred Bischoff博士和法国拉加德尔集团（Lagardèresca）首席执行官是欧洲航空防务及航天公司董事会的两位主席。公司的主要职能部门位于慕尼黑和巴黎，由两位首席执行官Philippe Camus和Rainer Hertrich负责。

欧洲航空防务及航天公司在法兰克福、马德里和巴黎证券交易所上市。该公司34%以上的股份配售给公众股东，包括该公司的雇员。戴姆勒-克莱斯勒和法国拉加德尔集团（Lagardère）分别持有略高于30%的股份，西班牙国有公司SEPI（Sociedad Estatalde Participaciones Industriales）持有5.5%的股份。

## 中国航天史上的第一

### 中国有了航天

1956年4月，国家成立了航空工业委员会。同年5月又组建国防部导弹管理局和导弹研究院。1956年10月8日，中国第一个导弹研究机构——国防部第五研究院（简称国防部五院，钱学森任院长），正式宣布成立，代号0038部队。这一历史性的纪念日，标志着中国有了自己的导弹、航天事业。

### 中国第一枚导弹

1960年11月5日，中国仿制的第一枚近程导弹发射成功。1962年3月初，中国自行设计的第一枚导弹运往酒泉发射场。3月21日，导弹发射失败，后经认真总结，找到了问题症结。1964年6月29日，修改设计后的导弹试验取得圆满成功。

### 第一枚探空火箭

1960年2月，中国自行设计、制造的试验型液体探空火箭，在上海南汇简易发射场首次发射成功，飞行高度8千米，迈出了中国探空火箭技术的第一步。

### 第一枚国产中程导弹

20世纪60年代中期，中国开始新型号中程导弹的研制工作，这个型号从1965年3月结束方案设计阶段，相继转入初步设计、技术设计、试制生产、地面综合试验等阶段，到1966年底进行首次飞行试验，仅用了一年零九个月的时间。

### “两弹”第一次携手

1964年10月16日，中国原子弹爆炸试验获得圆满成功。此前不久，中国新研制的导弹飞行试验取得成功，刚好为“两弹”结合创造了前提。1966年10月中旬，又接连进行了“两弹结合”的冷试验并取得成功。1966年10月27日，头部装着核弹头的导弹像一条怒吼的巨龙直冲云霄。几分钟后，核弹头在靶心上空距地面569米高度实现核爆炸，“两弹结合”试验圆满成功。

### 第一颗卫星上天

1970年4月1日，装载着“东方红一号”卫星和一枚长征一号运载火箭的专列到达中国西北酒泉卫星发射场。4月24日，卫星按预定时间发射进入轨道，晚9点50分，国家广播事业局报道，收到卫星播送的《东方红》乐曲，声音清晰洪亮。

### 第一颗返回式卫星

1973年年初，返回式卫星进入正样研制阶段。1975年11月26日该星按时发射，火箭按预定程序飞行，卫星进入了预定轨道，轨道近地点高度173千米，远地点高度483千米，轨道倾角63度，入轨精度符合设计要求。中国第一颗返回式卫星在轨道上运行3天后顺利地按预定时间返回中国大地，获取了丰富的遥感资料。

### 自行研制的第一枚飞航导弹

1960年年初，中国开始仿制飞航式导弹，1966年年底仿制的第一个海防战术导弹型号——上游一号舰舰导弹正式投入批量生产，并装备了海军部队，结束了中国海军有舰无弹的历史。1971年开始自行研制全新的导弹——鹰击八号。鹰击八号为高亚音速超低空掠海飞行、两级固体火箭发动机、小型多用途导弹。1979年11月，鹰击八号导弹首发飞行成功。

**第一次水下发射火箭**

1967年，中国大型固体燃料发动机的研制取得了初步成果。之后，越过了单级火箭阶段，直接研制两级发动机；越过陆基火箭阶段，直接研制潜艇水下发射火箭。1980年下半年，固体燃料火箭进入总装测试阶段。1982年1月和4月，在地面成功地进行了两发固体燃料火箭由发射筒发射的飞行试验。1982年10月12日，装载着固体燃料火箭的试验潜艇，徐徐驶出海港，驶向大海，潜入发射深度，随着一声“发射”口令，火箭瞬时被强大的燃气压力推出发射筒，跃出碧海，直刺蓝天。发射获得成功，它标志着中国的火箭技术又有了新的发展。

**第一颗通信卫星升空**

1970年，中国开展了运载火箭及通信卫星新技术的研究。1975年，确定选用静止轨道试验通信卫星的方案。1984年3月下旬，完成了卫星、火箭在技术阵地的测试工作。3月28日，试验通信卫星和运载火箭向发射阵地转运。4月8日19时20分，火箭发射成功。4月10日，卫星进入准静止轨道，人轨精度极高。4月17日18时，卫星通信试验正式开始。5月14日，通信试验结束，正式交付使用。从而使中国的卫星通信业务由试验阶段进入了试用阶段。

**第一个航天发射场**

1958年初，中国在酒泉以北的戈壁滩上建起了我国第一个航天发射场。1965年，根据中国空间技术发展规划，在酒泉发射场建造了可以发射多级运载火箭和人造地球卫星、有两个工位的发射场区。发射工位最壮观的设施是高55米的一号龙门塔。之后又续建了一个重型卫星的发射工位。

**第一个通信卫星发射场**

由于西北酒泉卫星发射场的地理位置在北纬40度以北，不利于发射通信卫星，于是就有了西南航天发射场——西昌卫星发射中心。1970～1980年完成了第一期工程建设。其中工作塔总重900多吨，它将完成西北发射场一号龙门塔和脐带塔两项设施的任务。工作塔高77米，三座避雷塔高100多米。控制站在离发射场数千米的地方，有一座指挥控制大厅，装有总指挥台和一座宽18米，高6米的大型组合式显示屏幕，其中心部位是一个彩色电视屏幕，其宽度为5米、高

3.75米。发射前，它显示发射阵地的电视图像，运载火箭起飞后，它显示运载火箭实时飞行的弹道曲线和特征参数。利用发射场这些现代化的发射指挥设备，指挥员可一目了然地观看发射前后的全过程。

### 长征火箭第一次商业发射

1985年10月，中国宣布对外承揽商业发射服务。1989年1月23日，中国长城工业总公司与亚洲通信公司签订了“亚洲一号卫星”发射服务合同。

1990年4月7日，中国研制的长征三号运载火箭从西昌卫星发射中心腾空跃起，直上九霄。长征火箭第一次对外商业发射获得圆满成功。

### 第一次“一箭三星”

1981年9月20日，中国成功地用一枚火箭发射了3颗卫星，3颗卫星是实践二号、实践二号甲和实践二号乙。这种“一箭三星”技术当时在世界引起了很大轰动。

### 第一个固体火箭上面级

1995年中国自行研制的上面级固体近地点变轨火箭发动机——EPKM，两度与“长二捆”联袂，将“亚洲二号”和“爱科斯达一号”卫星送人36000千米的地球同步转移轨道。至此，结束了中国发射大重量卫星必须使用外国上面级固体发动机的历史，同时，也开辟了中国固体火箭跻身国际发射舞台的新纪元。

### 第一艘无人试验飞船

中国载人航天第一艘无人试验飞船“神舟”号，于1999年11月20日6时30分发射成功，飞船准确地按运行轨道在太空飞行14圈，历时21个小时，于11月21日凌晨3时41分在预定地区安全着陆。这是中国航天史上的又一个里程碑。到2002年12月30日，“神舟”二号、三号、四号又先后相继发射、往返成功。

### 中国遨游太空第一人

2003年10月15日9时整，杨利伟乘坐的“神舟五号”飞船在震天撼地的轰鸣中腾空而起。9时10分左右，飞船进人预定轨道，标志着杨利伟成为浩瀚太空迎来的第一位中国访客。绕地球飞行14圈后，10月16日5时35分，北京

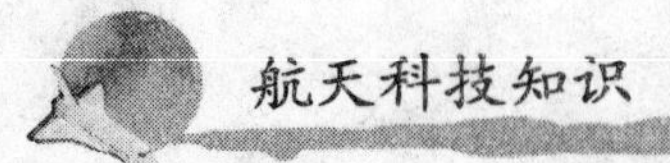


航天指挥控制中心成功向正在太空运行的“神舟五号”发送返回指令。6时36分，地面搜索人员找到了“神舟五号”返回舱。返回舱完好无损。航天英雄杨利伟自主出舱。我国首次载人航天飞行圆满成功。

## 我国空间技术应用

空间技术的应用不仅仅局限于卫星和飞船的直接应用，将研制卫星和飞船开发出的许多新技术移植到传统产业，能得到二次开发和利用，从而促进了传统产业的改造和提升，创造了十分可观的间接经济效益。实践表明，我国实施各项航天工程，特别是“两弹一星”、载人航天和探月工程等国家重大高科技工程，不仅各类卫星和飞船的直接应用和间接应用产生了显著的经济效益和社会效益，而且带动了相关学科技术的整体跃升，促进一批新兴产业的形成和发展，加速全社会的科技进步，对促进我国经济社会发展具有十分重大的意义。当然卫星和飞船的直接应用意义更为重大。

“东方红”通信广播卫星在我国通信广播事业中发挥了重要作用。卫星广播电视业务的开展与应用，大幅度提高了全国广播电视，特别是广大农村地区广播电视的有效覆盖范围和覆盖质量；卫星通信在“村村通电话”工程中发挥了不可替代的重要作用；卫星远程教育宽带网和卫星远程医疗网已初具规模，有力地支撑了远程教育和远程医疗的发展；金融、气象、交通、石油、水利、民航、电力等几十个部门建立了卫星专用通信网，为众多部门提供服务，取得了显著的经济效益和社会效益。

利用返回式遥感卫星是一种展开国土普查的重要手段。通过卫星我们获取大量有价值的空间遥感资料，这些资料满足了国防建设的需求，而且广泛应用于城乡规划、地质勘探、森林调查、石油开采、港口建设、海岸测量、地图测绘、铁路选线和考古研究等方面。卫星搭载科学实验，已进行了多项在微重力和空间环境条件下的材料科学、生命科学的实验，均取得可喜的成果。利用返回式卫星进行了农作物种子搭载试验，显示了太空育种诱人的发展前景。

“资源一号”和“资源二号”地球资源卫星的发射成功和业务运行，改变了

我国卫星遥感应用部门长期依赖国外资源卫星的状况，开创了我国卫星遥感应用的新局面。资源卫星已广泛应用于农业、林业、地质、水利、地矿、环保以及国土资源调查、城市规划、灾害监测等众多领域，而且已成为我国许多资源和环境业务监测系统的重要信息源。资源卫星数据在西部大开发、自然灾害监测和重大国土整治等国家大型工程中发挥了不可缺少的重要作用，为我国经济建设和社会发展提供了有力支持。

“风云一号”和“风云二号”气象卫星在天气预报、气候预测、气象研究、自然灾害和生态环境监测等方面发挥了重要作用，特别是显著提高了对灾害性天气预报的时效性和准确性，大大减少了国家和人民群众的损失。两种气象卫星的业务化运行，为气象、海洋、农业、林业、水利、航空、航海、环保等领域提供了大量的公益性和专业性服务。“风云一号”和“风云二号”卫星已被世界气象卫星组织纳入国际业务应用气象卫星序列，成为全球天基综合观测系统的重要组成部分，为世界各国用户提供服务。

“海洋一号”卫星是我国第一颗用于海洋水色探测的试验型业务卫星，主要为海洋生物资源开发利用、沿岸海洋工程、河口港湾治理、海洋环境监测、环境保护等提供重要的信息服务。它的成功运行，标志着我国在海洋卫星遥感领域迈入世界先进国家的行列。

“北斗”导航卫星为我国建立第一代卫星导航定位系统——“北斗导航系统”奠定了基础，该系统是全天候、全天时提供卫星导航信息的区域导航系统。该系统将导航定位、双向通信和精密授时结合在一起，为公路交通、铁路运输、海上作业、森林防火、灾害预报以及其他特殊行业提供高精度定位、授时和短报文通信等服务，并且显示了广阔应用前景。“北斗导航系统”的建立，标志着我国卫星导航技术取得突破性进展，我国成为世界上第三个自主建立卫星导航系统的国家。

“实践”号科学探测与技术试验卫星以及实施地球空间双星探测计划，大大促进了我国空间科学的创新和发展。空间环境辐射探测、空间流体科学实验、对太阳活动、磁层空间暴等科学探测研究，取得一些具有原创性和前沿水平的成果。

研制和发射“神舟”号飞船的最重要的任务是把航天员送入太空，同时利用飞船开展了对地观测、空间科学和空间新技术试验。在对地观测技术方面取得重要进展，大大提高了我国对地球环境和资源、农业及自然灾害监测能力。在空间科学方面，开展了空间生命科学、空间材料科学、微重力科学、空间天文等领域的多项实验和观测，完成了我国迄今为止最全面、最系统的空间科学计划，部分空间实验和理论研究达到国际领先水平。在空间新技术试验方面，一批先进的空间遥感器完成了飞行试验，多项技术已用于遥感卫星，应用效果十分显著。

## 我国空间技术的发展前景

我国确立了在21世纪前20年，进入创新型国家行列、实现全面建设小康社会的战略目标，对航天事业提出更高的要求，我国空间技术也迎来了新的发展机遇。

2000年11月，我国政府发表了《中国的航天》白皮书，向国内外首次公开介绍中国航天事业近期和远期的发展目标。

2006年1月和3月，我国政府先后发布了《国家中长期科学和技术发展规划纲要（2006～2020年）》和《国民经济和社会发展第十一个五年规划纲要》，航天技术列为国家优先发展的重要技术领域之一。为贯彻两个规划纲要，国防科工委制定了《航天发展“十一五”规划》。启动并实施载人航天和探月工程、高分辨率对地观测系统、北斗卫星导航系统等重大专项，在未来十五年实现跨越式发展；超前部署和发展若干前沿技术，力争取得重大突破，在未来十五年达到世界先进水平，通过实施重大专项和超前部署前沿技术带动中国航天事业的全面发展。研制各类航天器是我国未来航天活动的重点，我国空间技术将进入新的发展时期。

2006年10月，我国政府发表了《2006年中国的航天》白皮书，向国内外宣告了今后一段时期中国航天的发展目标和主要任务。

2008年，是我国有史以来航天器发射的高峰年，神舟七号飞船的发射更是中国载人航天又一次重大跨越，备受世人瞩目。宇航员出舱活动为下一步空间站的建设奠定技术基础。利用卫星我们还将建立第一个环境和灾害监测预报小卫星

星座，对全国环境和灾害的状况进行大范围、全天候、全天时的动态监测与预报。2008年航天器发射飞行任务的完成，为实现我国“十一五”航天事业的发展目标打下了坚实的基础。截至目前，“十一五”航天事业发展目标大多已经实现。

在“十二五”期间，我国空间技术的发展目标和主要任务是：按照国家整体规划，建立多种功能和多种轨道的，由多种卫星系统组成的空间基础设施，与卫星地面应用系统形成完善、连续、长期稳定运行的天地一体化网络系统；完成我国载人航天二期工程的任务，建成短期有人照料、长期在轨自主飞行的空间实验室，开展载人航天工程后续工作；完成我国月球探测二期工程任务，实现月球软着陆和自动巡视勘察，开展月球探测三期工程的前期研究。

## 航天技术到底离百姓生活有多近

自从前苏联在1957年将人类带入航天时代，随后的近50年间，人们目睹了前苏联宇航员加加林首先实现人类的太空梦，美国的阿波罗工程6次拜访月宫的壮举，人类一次次地实现着几千年来的飞天之梦。载人航天技术使得我们的活动空间从陆地、海洋拓展到了大气层外的宇宙空间，我们终于可以亲自看到孕育人类的地球是怎样一个美丽的蓝色星球。

以往只有在科幻电影中才能见到的镜头，将一步步在我们的现实生活中实现。而随着航天技术的发展，我们的生活发生了哪些变化，今后，人们还将怎样受惠于航天技术的进步？其中一些对生活的影响还真是不说不知道。

**航天技术就在我们身边**

世界杯足球赛踢得正欢，如果我告诉你转播比赛的通讯卫星坏掉了，你一定会沮丧不已，不过，这很少会碰到。你能看到远在欧洲的比赛现场靠的是距地面35000千米的通讯卫星，这才有了你兴奋的欢呼。所以，千万不要以为航天技术距离我们过于遥远，与我们毫不相干，因为，如果人类从未发展过航天技术，我们今天的生活将黯然失色。

现在你和朋友出门游玩手里拿个小巧玲珑的数码相机不再是什么新鲜事了。

大部分的数码相机都是由 CCD 感光的电子摄影器材。1969 年 7 月，美国“阿波罗”登月飞船上的航天员在月球上拍下了数码照片，尽管那个时候专用于航天事业的数码相机所拥有的分辨率还达不到 30 万像素，仍然使用感光胶片作为记录媒介，但图像信号却能通过卫星系统顺利传送到地面指挥中心，这对于航天事业的发展无疑具有重大的现实意义。后来日本索尼公司率先对这种曾经用于军事科研的产品进行民用化研究，如今数码相机已经走入千家万户，为你我带来了生活的乐趣。

航天技术总是首先应用到民用前沿科学的研究，特别是救死扶伤的医学领域。目前各种移植手术屡见不鲜，肝肾的移植技术已经日臻完善。然而如果找不到合适的心源等待患者的将是死亡。2001 年 7 月，美国肯塔基州路易斯市的一家犹太医院为一位心脏病晚期患者成功地换上了一个人造心脏，这是世界上第一例成功的人造心脏的移植手术。人造心脏的技术取自航天飞机的燃料泵技术，这种小型化的心脏泵已经为几十人带来了新生。

如果驾车在一个陌生的城市行驶，你一定希望有人给你指路，然而经常碰到的结果是行人也不清楚。那么怎么办，现在一种结合卫星传送的信号，与地图资料配合，通过小型荧屏显示器可随时确定汽车所在位置，能帮助司机准确认路。汽车安装上接收 GPS（全球卫星定位系统）的设备后，只要你在电子地图上找到你要去的地方，电子地图结合卫星信号经过计算就可以给你指出一条最近的路线。如果汽车具有自动驾驶功能那么就可以和现在的民航飞机一样借助 GPS 的指挥抵达你要到达的任何地方。不久的将来，航天技术还会更大地促进老百姓的生活质量。

### 航天技术为医院创建无菌环境

在我们生活的环境中到处都存在着微生物，而其中的绝大部分不会对人体健康造成危害，但是对于那些自身免疫能力降低的人，有些微生物还是十分可怕的，它们能导致很多疾病的发生，而一项航天技术已经在法国的 5 所医院中成为提供无污染空气环境的创新方法。

根据欧洲航天局公布的最新消息，这项原本用于确保宇航员在空间站里能呼吸到洁净空气的航天高科技方法，现在已经被用来在医院中“捕杀”和“清除”

微生物真菌、细菌、孢子以及通过空气传播的病毒。而且，利用该技术还能祛除空气中与SARS、埃博拉、天花、结核病和痈等恶性传染疾病相关的微生物。

自2003年起，这项原先的航天技术为医院空气环境保护、创建无菌环境提供了保障，而且，当发生紧急情况时，利用这项技术也可在医院以外的场所营造出一个无菌室。它可以达到消除超过99%微生物的空气净化功能，从而满足医院医治那些身患免疫系统疾病的患者的特殊需求。据介绍，12个月来，经过在法国5家医院的试运行，该系统的卓越性能表现已经让医生们称赞不已。

**航天技术解燃眉之“渴”**

美国的火箭专家正在试图解决饮用水源污染的问题，一套宇航员使用的水处理设备将很快为那些生活在污染地区的人们提供服务。

美国科学家一直为太空站的水处理问题绞尽脑汁，多年来，美国宇航局（NASA）也一直在考虑如何更加高效地解决污水循环利用的问题。亚拉巴马州汉斯维尔市的马歇尔航天飞行中心已测试完成一种太空站水循环处理设备。这种设备不仅可以净化宇航员呼吸运动产生的体液，甚至连“尿液也处理得比任何一个水龙头里流出来的水还要清洁”。

与此同时，全世界有很多地区面临着严重的水源污染问题，这里的人们守着潺潺的泉水却口渴难耐，面对眼前清澈的河流却不敢沾唇。与宇航员的水处理问题一样，水源污染的净化也需要一套技术，这两者能否有机地结合在一起呢？的确有人想到了这一点。一套利用该技术，体积更小，结构更简单的改进水处理设备将很快面世，为地球人服务。把它安装在汽车上的净化设备可以在村庄间流动，那些被污染的泉水可以在其中进行净化，并且可以处理到符合饮用的标准。

航天技术在我们今天生活中的应用不胜枚举，除了以上提到的技术产品外，卫星电视、太空育种、天气预报，甚至医院使用的各种其他医疗技术如肾透析都与航天技术息息相关。

自2003年我国第一次载人航天飞行圆满成功后，我们将再次迎来又一个中国航天的热潮，“神舟六号”带给我们的不仅仅是新的惊喜，我们的航天工作者们正在把飞船的相关技术大量民用化，相信不久我们将受益于祖国的航天技术！

# 我国航天史

1956年10月8日，我国第一个火箭导弹研制机构——国防部第五研究院成立，钱学森任院长。

1958年4月，开始兴建我国第一个运载火箭发射场。

1964年7月19日，我国第一枚内载小白鼠的生物火箭在安徽广德发射成功，我国的空间科学探测迈出了第一步。

1968年4月1日，我国航天医学工程研究所成立，开始选训航天员和进行载人航天医学工程研究。

1970年4月24日，随着第一颗人造地球卫星“东方红1号”在酒泉发射成功，我国成为世界上第5个发射卫星的国家。

1971年4月，代号为“714工程”的中国载人航天工程全面启动。当时的人们，给中国规划中的宇宙飞船命名为“曙光一号”。遗憾的是，由于种种因素，1972年，“714工程”被迫暂停。

1975年11月26日，首颗返回式卫星发射成功，3天后顺利返回，我国成为世界上第三个掌握卫星返回技术的国家。

1979年，远望1号航天测量船建成并投入使用，我国成为世界上第4个拥有远洋航天测量船的国家。目前我国已形成先进的陆海基航天测控网，由北京航天飞行控制中心、西安卫星测控中心、陆地测控站、4艘远望号远洋航天测量船以及连接它们的通信网组成，技术达到了世界先进水平。

1985年，我国正式宣布将长征系列运载火箭投入国际商业发射市场。1990年4月7日，长征三号运载火箭成功发射美国研制的“亚洲一号”卫星，截至目前已将27颗国外制造的卫星成功送入太空，我国在国际商业卫星发射服务市场中占有了一席之地。

1986年3月3日，王淦昌、陈芳允、杨嘉墀、王大珩四位科学家联名向中央呈报了一份《关于跟踪世界战略性高技术发展》的建议。中央很快就批准了这个建议，这就是后来著名的“863计划”。航天技术是“863计划”七大领域中

的第二领域。“863 计划”对中国载人航天工程起到了催生的作用。

1990 年 7 月 16 日，中国第一枚大推力捆绑式火箭——长征二号 E 即“长二捆”火箭在西昌发射成功，其低轨道运载能力达 9.2 吨，“长二捆”就是承担载人飞船发射任务的长征二号 F 型火箭的前身。

1990 年 10 月，载着两只小白鼠和其他生物的卫星升上太空，开始了我国首次携带高等动物的空间轨道飞行试验。试验的圆满成功，为我国载人航天器生命保障系统的设计以及长期载人太空飞行获得了许多宝贵数据。

1992 年 9 月 21 日，中央正式批复载人航天工程可行性论证报告。中国载人航天工程正式立项，代号为“921 工程”。我国载人飞船正式列入国家计划进行研制，这项工程后来被定名为神舟号飞船载人航天工程。神舟号飞船载人航天工程由神舟号载人飞船系统、长征运载火箭系统、酒泉卫星发射中心飞船发射场系统、飞船测控与通信系统、航天员系统、科学研究和技术试验系统等组成，是我国在 20 世纪末期至 21 世纪初期规模最庞大、技术最复杂的航天工程。

1995 年 10 月，我国决定从空军歼、强击机飞行员中选拔首批预备航天员。不久，12 名预备航天员从数千名候选者中脱颖而出，连同 2 名航天员教练员，组成中国首批航天员的队伍。

1997 年底，经中央军委批准，由 14 名预备航天员组成的世界上第三支航天员大队成立。1998 年 1 月 5 日，14 人到齐。这一天从此成为中国人民解放军航天员大队的生日。

1999 年 11 月 20 日 6 时 30 分，神舟一号飞船在酒泉卫星发射基地顺利升空，经过 21 小时的飞行后顺利返回地面。这枚载人航天工程的“先锋官”，竟是由地面试验用的电性能测试飞船临时改装而成的。将初样产品直接当成正样产品使用，在中国航天史上史无前例。

2001 年 1 月 10 日凌晨，神舟二号飞船发射成功。飞船在轨飞行近 7 天后返回地面。神舟二号是第一艘正样无人飞船，技术状态与载人飞船基本一致。它的发射完全是按照载人飞船的环境和条件进行的，凡是与航天员生命保障有关的设备，基本上都采用了真实件。

2002 年 3 月 25 日，神舟三号飞船发射升空，于 4 月 1 日返回地面。神舟三号飞船搭载了人体代谢模拟装置、拟人生理信号设备以及形体假人，能够定量模拟航天员呼吸和血液循环等重要生理活动参数。飞船工作正常，预定试验目标全部达到，试验获得圆满成功。

2002 年 12 月，神舟四号在经受了零下 29 摄氏度低温的考验后，于 30 日 0 时 30 分成功发射，突破了我国低温发射的历史纪录。2003 年 1 月 5 日，飞船安全返回并完成所有预定试验内容。神舟四号除没有载人外，技术状态与载人飞船完全一致。飞行中，飞船相继完成了对地观测、材料科学、生命科学实验和空间天文和空间环境探测等任务。

2003 年 10 月 15 日，我国成功发射第一艘载人飞船神舟五号。中国首位航天员杨利伟成为浩瀚太空的第一位中国访客。21 个小时 23 分钟的太空行程，标志着中国已成为世界上继前苏联/俄罗斯和美国之后第三个能够独立开展载人航天活动的国家。

2005 年 10 月 12 日，我国第二艘载人飞船神舟六号成功发射，航天员费俊龙、聂海胜被顺利送上太空。17 日凌晨，在经过 115 小时 32 分钟的太空飞行后，飞船返回舱顺利着陆。神舟六号进行了我国载人航天工程的首次多人多天飞行试验，完成了我国真正意义上有人参与的空间科学实验。

2008 年 9 月 25 日，我国第三艘载人飞船神舟七号成功发射，三名航天员翟志刚、刘伯明、景海鹏顺利升空。27 日，翟志刚身着我国研制的“飞天”舱外航天服，在身着俄罗斯“海鹰”舱外航天服的刘伯明的辅助下，进行了 19 分 35 秒的出舱活动。中国随之成为世界上第三个掌握空间出舱活动技术的国家。

2008 年 9 月 28 日傍晚时分，神舟七号飞船在顺利完成空间出舱活动和一系列空间科学试验任务后，成功降落在内蒙古中部阿木古朗草原上。

## 如何观测人造卫星

日落后的傍晚，有时你会看到夜空中有几颗明亮的“星星”正在缓缓地移动，它们就是环绕地球飞行的人造卫星。这些卫星大多是用于通信、天文观测、军事任务和遥感（气象、气候、地质、地理）等。它们所运行的轨道会受到诸

多方面的影响，比如说高层大气的条件、地表特征等。人造卫星能否被地面上的观测者看到同样受到各种因素的制约。了解了这些因素与人造卫星的亮度的关系以后，就可以保证你可以在最佳的时刻观测它们。

### 影响观测的主要因素——轨道

人造卫星（人卫）所运行的最简单的轨道莫非就是圆形轨道。这种轨道可以用轨道高度（人卫距离地表的高度）以及轨道倾角（人卫轨道平面和地球赤道面之间的夹角）这两个参数来描述。地球上的观测者能否观测得到这些人卫全由前面的两个参数值决定。而实际上，大多数的人卫轨道都是椭圆形的，它们所处的轨道高度介于远地点高度和近地点高度之间。

卫星轨道倾角决定了卫星将会在地球上哪一个区域的上空飞过。如果卫星的倾角为25度，那么北部欧洲将不会看到这颗卫星，除非它的轨道高度达到1500千米以上（然而这样它的亮度也必然很低）。卫星的轨道大体分为三种类型：

（1）椭圆轨道——轨道倾角大约在0~70度之间，目前大多数的卫星都沿着这种轨道来运行。具有这种轨道的卫星通常可以在东西方向的半空中找到。发射这种轨道的卫星可以部分借用地球自转的离心力，不但节省了燃料而且还可以加大有效载荷。

（2）静止轨道——这是一种特殊的椭圆轨道，其轨道高度约为36000千米，卫星环绕轨道一周的时间是一天。这样从地球上看来，卫星就好像被固定在某一个点上。

（3）极轨道——当卫星轨道倾角非常大的时候，卫星将会从地球两极的上空掠过，随着地球的自转，卫星可以观测到整个地球表面。比如气象卫星通常都是沿着这种轨道来运行的，同时它们的轨道也是太阳同步的（即它们的轨道与太阳之间的位置是锁定），因此，它们总是在每天固定的时间经过地球上某一固定点的上空。

### 人造天体的亮度基本由三个因素确定

对于一个体积固定的人造天体来说，距离地面越高远越难于观测。它们的亮度通常用天文学上的星等概念来定义。而人造天体本身的亮度基本由三个因素确定。

（1）卫星表面状况——如果一颗卫星具有高度抛光、高度反光的表面，那它所反射的阳光当然是最多的。从地面上看也比较亮。一颗具有漫反射表面的卫星看起来当然要比一颗具有镜面反射表面的卫星微弱得多。当然，随着时间的推移，光亮的表面也会慢慢变得比较粗糙，另一方面，粗糙的表面有时候也可能被熔化反而变得光滑。有时候人造卫星上的某些结构（如太阳能电池板，等等）也具有很高的反射度，它们就像镜子一样也可以反射大量的光线。

（2）人造卫星的尺寸——这是一个非常重要的参数。很显然，卫星的尺寸越大，越容易观测到。

（3）人造卫星的姿态——相对于观测者来说，卫星的反射截面的有效面积越大，我们接收到的光也就越多。反射截面的大小与卫星的姿态有着密切的关联，卫星的姿态同时也决定了反射光柱的方向。如果太阳—卫星—观测者之间的角度匹配（理论上这个角度应该等于90度或者更小）的话，我们就会看到卫星。如果将卫星的形状看成球形（比如月亮），那么当这个角度为零度的时候，我们看到的将会是明亮的“满月”，卫星被观测到的几率便会很大。这样，当太阳落山后，卫星在东方天空出现的几率最大；与之相反，黎明前，卫星在西方出现的几率最大。如果此时卫星正在翻转，那它将会不断地闪烁。产生翻转的原因有很多种，比如卫星打开它的负载设备或排放废弃气体和燃料。

卫星观测时所处的地平高度对其亮度同样有非常大的影响。处于地平和处于天顶两个观测条件下，卫星的亮度可以相差1~2个星等。

**影响观测的其他因素**

当卫星进入地球的阴影区，便会发生“食”。这是影响观测的又一个因素。食的发生通常取决于卫星的高度、姿态、观测者的位置以及当地的时间。比如每年七月份，位于北极的观测者头顶上方地球阴影的高度比位于赤道地区的观测者矮得多。因此，对于观测低轨道的地球人造卫星来说，高纬度地区的观测者拥有可观测夜的时间更长。事实上，北极的观测者几乎根本看不到卫星进入地球阴影的现象。

由于地球自转轴的倾斜，地面上的可观测区域在夏天会扩展到更低纬度的地区。这种循环的周期和地球公转的周期相同，都是一年。再来看一下位于中低纬

度的观测者，他们的观测条件并不乐观，因为只有在太阳落山后或者黎明以前，他们才可以一睹这些卫星的美丽闪光。

好了，已经知道了这么多，到底应该怎样去作，我们才能看到这些美丽的人造天体呢?

首先，我们应当知道观测地点的准确坐标，最好用 GPS 测一下（因为卫星出现的方位、高度和观测者的地面的位置有直接的联系），如果条件达不到，只好用附近城市的坐标来代替，但由此也会引入一定的误差。然后连接德国宇航中心页面将你的坐标填入对话框中，然后就可以查询你想看的卫星的观测资料了。得到了卫星的观测资料（比如出现的时间、高度以及方位角）我们就可以根据这些资料来安排我们的观测计划了。

## 人造卫星的轨道

人造卫星的运动轨道取决于卫星的任务要求，区分为低轨道、中高轨道、地球同步轨道、地球静止轨道、太阳同步轨道、大椭圆轨道和极轨道。人造卫星绕地球飞行的速度快，低轨道和中高轨道卫星一天可绕地球飞行几圈到十几圈，不受领土、领空和地理条件限制，视野广阔；能迅速与地面进行信息交换，包括地面信息的转发，也可获取地球的大量遥感信息，一张地球资源卫星图片所遥感的面积可达几万平方千米。

在卫星轨道高度达到 35800 千米，并沿地球赤道上空与地球自转同一方向飞行时，卫星绕地球旋转周期与地球自转周期完全相同，相对位置保持不变。此卫星在地球上看来是静止地挂在高空，称为地球静止轨道卫星，简称静止卫星，这种卫星可实现卫星与地面站之间的不间断的信息交换，并大大简化地面站的设备。目前绝大多数通过卫星的电视转播和转发通信是由静止通信卫星实现的。

## 航空与航天的主要区别

航空与航天是人们经常接触的两个技术名词，两者虽然仅一字之差，却被称

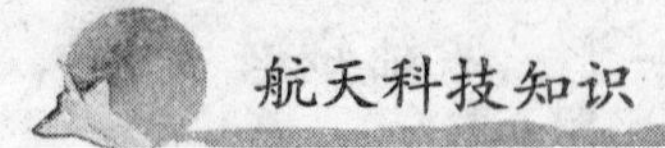


为两大技术门类，这是为什么呢？

航空技术主要是研制军用飞机、民用飞机及吸气发动机；航天技术主要是研制无人航天器、载人航天器、运载火箭和导弹武器，最能集中体现两者成果的是航空器和航天器。从航空器与航天器的重大区别上即可看出两个技术领域的显著差异。

第一，飞行环境不同。所有航空器都是在稠密大气层中飞行的，其工作高度有限。现代飞机最大飞行高度也就是距离地面 30 多千米。即使以后飞机上升高度提高，它也离不开稠密大气层。而航天器冲出稠密大气层后，要在近于真空的宇宙空间以类似自然天体的运动规律飞行，其运行轨道的近地点高度至少也在 100 千米以上。对在运行中的航天器来讲，还要研究太空飞行环境。

第二，动力装置不同。航空器都应用吸气发动机提供推力，吸收空气中的氧气作氧化剂，本身只携带燃烧剂。而航天器其发射和运行都应用火箭发动机提供推力，既带燃烧剂又带氧化剂。吸气发动机离开空气就无法工作，而火箭发动机离开空气则阻力减小有效推力更大。吸气发动机包括燃烧剂箱在内都可随飞机多次使用，而发射航天器的运载火箭都是一次性使用。虽然航天飞机的固体助推器经过回收可以重复使用 20 次，其轨道器液体火箭发动机可以重复使用 50 次，但与航空器使用的吸气发动机比较起来，使用次数仍然是很少的。吸气发动机所用的燃烧剂仅为航空汽油和航空煤油，而火箭发动机所用的推进剂却是多种多样的，既有液体的，也有固体的，还有固液型的。

第三，飞行速度不同。现代飞机最快速度也就是音速的三倍多，且是军用飞机。至于目前正在使用的客机，都是以亚音速飞行的。而航天器为了不致坠地，都是以非常高的速度在太空运行的。如在距地面 600 千米高的圆形轨道上运行的航天器，其速度是音速的 22 倍。所有航天器正常运行时都处于失重状态，若长期载人会使人产生失重生理效应，并影响健康。正因如此，航天员与飞机驾驶员比较起来，其选拔和训练要严格得多。一般人买票即可坐飞机，而花重金到太空遨游的人还必须通过专门培训。

第四，工作时限不同。无论是军用还是民用飞机，最大航程计约 2 万千米，最长飞行时间不超过一昼夜。其活动范围和工作时间都很有限，主要用于军事和

交通运输。虽然通常轻型飞机应用广泛，但每次活动范围相对更小。而航天器在轨道上可持续工作非常长时间，如目前仍在使用的联盟TM号载人飞船，可与空间站对接后在太空运行数月之久。再如航天飞机，能在轨道上飞行7~30天，约1.5小时即可围绕地球飞行一周。载人航天器运行时间最长的当属和平号空间站，它在太空飞行了整整15个年头。至于无人航天器，如各种应用卫星，一般都在绕地轨道上工作多年。有的深空探测器，如先驱者10号，已在太空飞行了32年，正在飞出太阳系向银河系遨游。航空器的优点是能多次重复使用，而航天器除航天飞机外，只能一次性使用，载人宇宙飞船也不例外。

第五，升降方式不同。飞机的升空是从起飞线开始滑跑到离开地面，加速爬升到安全高度为止的运动过程。它返回地面降落时只要经过下滑和着陆即可。只有个别飞机如英国的“鹞”型战斗机采用发动机喷口转向的方式使飞机能够垂直起落，但机身并未竖起，仍处于水平位置。而至今为止的航天器发射，包括地面和海上的发射，顶部装着航天器的运载火箭都是垂直腾空的。在完成发射过程中，运载火箭要按程序掉头转向和逐级脱离，最终将航天器送入预定轨道运行。有的航天器发射，中间还要经过多次变轨，情况更为复杂。航天飞机虽然也能施放航天器，但它本身亦是垂直发射升空的。至于返回式航天器，其回归地面必须经历离轨、过渡、再入和着陆四个阶段，远比飞机降落困难。航空器的起飞、飞行和降落与航天器的发射、运行和返回，虽然都离不开地面中心的指挥，但两者的地面设施和保障系统及其工作性能与内容也是大有区别的。

## 什么样的人能当宇航员

载人航天是一项艰巨的事业。因为太空环境十分艰苦恶劣，人在航天过程中要经受巨大的加速度、噪声、振动、失重、宇宙射线等不良因素的影响，而且宇航员在这样的环境中还要完成复杂的驾驶、操纵、实验和观测任务，甚至还可能遇到一些意想不到的情况，需要正确、及时和果断地进行处理。正因如此，对宇航员的选拔和训练都很严格，要求有强壮的身体，能耐受各种恶劣的环境；有良好的心理素质，以掌握复杂的操作技能和应付意外情况；有献身精神，以适应航天探险活动等。

目前宇航员分为驾驶员、飞行任务专家和载荷专家三类。

驾驶员（包括指令长）负责航天器（航天飞机、宇宙飞船等）的驾驶。这类人员一般从具有1000小时以上飞行经验的喷气式飞机驾驶员中挑选，且必须具有数学、物理或工程等方面的学士学位。

飞行任务专家负责飞行计划的协调、航天器的维修保养、施放（回收、修理）卫星、进行舱外活动以及处理其他特殊飞行任务。这类宇航员必须具有生物、物理、天文、地质、数学或工程等方面的学士学位以上的学位。

至于宇航员中的第三类人员，即载荷专家，则是到太空进行各项科学实验的科学家和工程师，只要身体健康，情绪稳定，在科学或工程方面有突出才能，年龄在47岁以下，经过一定的航天训练，为了完成某项科学实验任务就可以成为这类宇航员。

## 国际空间站航天员的太空生活细节

太空生活虽然引人入胜，但有时也很平凡。以下的一些细节，可能是太空生活中你所不知道的一面。

**ipod**

最近几年，宇航员开始被允许带着ipod飞行。宇航员所携带的ipod是经过特别改装的：锂电池被拿走，取而代之是两节碱性电池。因为目前只有碱性电池被允许带上宇宙飞船。宇航员得尽量多带碱性电池，因为在太空飞行中ipod的耗电速度非常快。

但是，到达国际空间站后，宇航员却不能把ipod从宇宙飞船带进国际空间站，因为ipod还不被允许进入国际空间站。

**银器**

每位宇航员被允许带一套银器上太空。由于他们不能在太空洗碟子，所以他们每次用餐过后，只能用消毒布擦刀叉。

**比萨饼**

NASA 能够把人送上月球，却还不能把比萨饼送上宇宙飞船或者国际空间站。比萨饼到了太空根本成不了形，既不能将之冷冻，也不能很好地脱水保存。在太空叫比萨饼外卖，可能得等几十年后才能实现。

来自纽约的宇航员迈克·马西米诺特别怀念香喷喷的比萨饼。他说："如果有人能够研制出能上太空的比萨饼，他会获得诺贝尔奖。"此外，太空上没有雪糕，也没有冰箱。

**锁**

很多年前，在一次太空飞行中，一名机长担心一名他认为情绪多变的宇航员会惹事，因此要求配备一把锁，把太空舱从里面锁起来，以防在飞行过程中有人不小心把舱门打开。但是，地面指挥官拒绝了装锁的建议。他开玩笑说："我的理解是我们能够在没有锁的情况下飞行。在发射前，我会询问每位宇航员的心情——有人想要自杀吗？"

**垃圾**

宇航员不能在太空舱里乱丢垃圾。根据要求，宇航员必须尽量把盘子里的食物吃完，把杯子里的咖啡喝光，因为他们所制造的垃圾数量必须符合厨房垃圾箱的规格。如果有剩余的食物，他们必须把食物包起来，体积尽可能地压到最小。

**洗衣服**

宇航员从来不需要担心洗衣服的事情——在太空根本没办法洗衣服，水资源太珍贵。因此，无论太空行程是 12 天还是更长，宇航员都得一直穿同一套衣服。宇航员的 T 恤、袜子和内衣裤镶了一层特制的织物，能够吸收气味，令衣服更加耐穿。NASA 宇航员的衣服，包括内衣裤，都会被留到下一次飞行任务循环再用。

**现金**

现金在太空毫无价值。但当 7 名宇航员在狭窄的太空舱里共同生活时，小团体内部的"市场机制"就会开始运行。偷藏了更多 M&M 巧克力、墨西哥玉米饼或者咖啡的人，将具备跟别人讨价还价的权力。这些零食在太空比钱更珍贵，特别是当某位宇航员"弹尽粮绝"的时候。在太空中，每位宇航员所配备的食物带有不同的颜色标识。据 NASA 内部人士透露，在太空飞行任务快结束时，如果有宇航员的某种食物（例如肉酱意粉）吃完了，他可能会偷偷换掉颜色标识，把同行的意粉偷吃掉。

## 什么是载人航天环境模拟器

在地面无失重条件下模拟空间的高真空、冷黑（热沉）和太阳强辐照环境的试验设备，又称太空舱。用以训练航天员对空间环境的反应和工作能力，也可用以试验航天器和各分系统的性能。

模拟器由舱体、真空抽气系统、冷却系统、太阳辐照系统、加热系统、供氧系统、生物医学和环境监测系统、应急复压系统、总控制屏和数据处理系统以及有关配套设备组成。舱体包括主舱和过渡舱。主舱为试验提供模拟环境条件。过渡舱与主舱相连，供人员进出主舱和救援之用。过渡舱内地面的水平高度同主舱内人员最常活动处平面相齐或相近。主舱和过渡舱都有观察窗。两舱之间的气密门（或公共舱壁）有气压平衡装置，以防止过渡舱舱压低于主舱压力。

模拟器的主舱内可由真空抽气装置抽成13.3～1.33毫帕（0.1～0.01毫米汞柱）的真空。主舱内靠近舱壁的地方设有涂以高吸收系数黑色涂料的液氮板和氦板（深冷阱），使舱温降到100开以下，来自被试对象的热辐射基本全被其吸收。太阳模拟器在舱内形成一个以平行光对被试对象均匀投射的辐照空间。航天员可以坐在置入主舱内的航天器座舱里或者航天员穿着防护服（航天服）、配戴个人生命保障系统直接露于主舱的模拟空间环境中。有些较小的模拟器主舱内的压力为133帕（1毫米汞柱）或13.3～1.33帕（0.1～0.01毫米汞柱）。

在大高度下迅速减压缺氧，人的有效清醒时间只有十几秒钟。因此，模拟器的工程设计、生物医学指标和试验程序都必须由工程和医学部门密切配合考虑，以保证正常情况下人体试验的安全性，并在紧急情况下能顺利救援。

模拟器配置有相应的供氧设备、有线和无线通话器、声光信号、闭路电视、自动报警和自动应急复压装置及消防设施。舱外设有专用实验准备间和医务保障室，供体检、着装、吸氧、脱氮等试验前准备工作、医务保障急救和实验后观察之用。模拟器试验室有备用电源，以便突然断电时保证人身和设备安全，还配有

加压舱，以备应急治疗可能出现的减压病。

在太空舱内进行人体试验须随时有医务人员留在过渡舱内处于警戒状态，如果主舱内出现紧急情况，则迅速进行应急复压救援。应急复压用干燥气体，避免气体进入主舱后遇冷成雾结霜，影响视线和救援活动。自动应急复压的最大速度约3466帕/秒（26毫米汞柱/秒），以免伤害鼓膜、鼻窦，并用多孔管和消音措施控制进舱气流动压及声响。

## 美国“奋进”号航天飞机

“奋进”号是美国一系列航天飞机之中首架以公开征名竞赛的方式，由美国的中小学生决定命名的航天飞机，并由布什总统在1989年时正式宣布其命名。“奋进”的名字源自一艘早年的研究调查船，著名英国探险家詹姆斯·库克船长（James Cook）在1768年第一次远征时所搭乘的一艘368吨等级的三桅帆船“奋进”号，由于是艘英国籍的船只，这也解释了为何“奋进”号的名字是用英式英文的“Endeavour”而非美式英文的“Endeavor”拼法。

“奋进”号航天飞机是美国国家航空航天局（NASA）“肯尼迪”航天中心（KSC）旗下，第五架实际执行太空飞行任务也是最新的一架航天飞机。首次飞行是在1992年5月7日（STS－49号任务）。

## 俄罗斯航天发射中心

前苏联的领土上有三个航天城：拜科努尔、卡普斯丁亚尔和普列谢茨克，其中拜科努尔航天中心最负盛誉。

拜科努尔航天中心位于莫斯科东南2100千米的丘拉坦沙漠地带，在哈萨克斯坦共和国内，始建于1955年，占地广阔，装备齐全，其规模相当于美国的肯尼迪航天中心。主要任务是发射载人飞船、卫星、月球探测器和行星探测器，进行各种导弹和运载火箭的飞行试验。另外，还进行拦截卫星和部分轨道轰炸系统的试验。这里发射了世界第一颗人造卫星及其他行星探测器，还发射了“东方

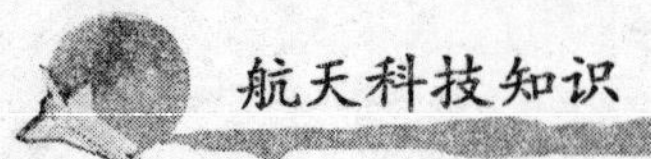


号”、“上升号”、“联盟号”等载人飞船和“礼炮号”航天站及“能源－暴风雪号”航天飞机。

## 欧洲航天发射中心

欧洲航天发射中心位于南美洲北部大西洋海岸的法属圭亚那，占地约 90600 平方千米，属法国国家空间研究中心领导，主要负责科学卫星、应用卫星和探空火箭的发射，以及与此有关的一些运载火箭的试验和发射。

圭亚那靠近赤道，对火箭发射具有很大益处：纬度低，从发射点到入轨点的航程大大缩短，三子级不必二次启动；相同发射方位角的轨道倾角小，远地点变轨所需的能量小，增加了同步轨道的有效载荷；向北和向东的海面上有一个很宽的发射弧度。目前，航天中心有阿丽亚娜第一、第二、第三发射场，是欧洲航天活动的主要基地。

## 航天员特殊技能训练

作为航天员，还有他的特殊技能训练，其目的是模拟航天飞行的真实环境和过程，使航天员熟练地掌握操作技能，应付各种可能出现的情况。内容颇多，主要的有：

飞机飞行训练。飞机发动机点火和工作，会产生噪声和振动，飞机加速和减速飞行会产生超重，飞机抛物线飞行可创造短暂的失重环境。因此，飞机飞行可达到多种训练效果，如提高航天员耐噪声、振动和超重的能力；训练航天员在失重环境中的工作能力；增强前庭器官的稳定性，培养勇敢精神，提高特殊情况下的应急能力，以达到提高完成航天任务的能力的目的。鉴于飞机飞行的重要性，即使是从喷气式飞机驾驶员中选拔出来的航天员，也必须进行强化的飞机飞行训练。

大型离心机上的超重耐力训练。大型离心机的旋臂长 10～15 米，臂端有一个吊舱，接受训练的航天员坐在吊舱中，旋臂以每分钟 60～120 转的速度旋转，

可产生10～30克（地球重力加速度）的超重值，一般要接受10克的训练。要知道，有些人在增加0.1克时就感到难以忍耐。

水下失重模拟训练。飞机抛物线飞行中的失重虽然更真实，但时间很短暂，一般只有30～60秒。因此，航天员的失重训练主要在大型水槽中进行。因为水的浮力会抵消部分或全部重力。水槽中放着同比例的航天器模型。接受训练的航天员穿着类似的航天服，戴着自给式呼吸器，在航天器内外模拟着航天活动中的各项活动。

各种应急训练。如在绝音室中进行孤独生活训练；在低气压、低氧分压舱室中进行耐负压、耐低氧分训练；在低温、高温室中进行耐低温、耐高温训练；各种安全脱险训练；安全着陆训练，等等。这些训练是很辛苦的。如，加加林在高温室中待了近两小时，最后的温度升到80摄氏度，体重减少1380克。

飞行模拟训练。在飞行模拟器上进行。接受训练的航天员置身其中，他看到舱外的日月星辰变化，舱内的仪器仪表设置以及听觉和运动感觉等，都与实际飞行完全一样。它是最安全、最经济、最有效的航天员训练。

## 航天员训练课程纲要

航天员训练课程包括基础、技能及综合训练三部分，只有考试合格的学员才有资格参加实际的太空飞行。

课程纲要

1. 一般性训练

1.1 有关理论知识

1.2 有关医学知识与技术

1.3 体育锻炼

2. 航天环境适应训练

2.1 驾驶飞机

2.2 适应空中环境

2.3 太空中的生活、工作及救生等训练

3. 模拟飞行训练

3.1 操作训练

3.2 飞行训练

3.3 程序操作训练

4. 飞行任务的综合性大演习

## 长期的失重状态对宇航员的生命有怎样的影响

失重是航天飞行中的一个特殊物理现象，载人航天实践证明，失重对人体的生理功能有很大影响，但不像原先想象的那样严重。

生物在长期的进化过程中，形成了与地球重力环境相适应的生理结构与功能特征，但进入太空后，由于地球重力作用几乎完全消失，生物有机体处于一种失重状态。人类40多年的航天实践表明，微重力环境对宇航员的健康、安全和工作能力会产生重要影响，中长期航天飞行可导致宇航员出现多种生理、病理现象，主要表现为心血管功能障碍、骨丢失、免疫功能下降、肌肉萎缩、内分泌机能紊乱、工作能力下降等。

失重可引起心血管功能的改变。失重时人体的流体静压丧失，血液和其他体液不像重力条件下那样惯常地流向下身。相反，下身的血液回流到胸腔、头部，可引起宇航员面部水肿、头胀、颈部静脉曲张、鼻咽部堵塞、身体质量中心上移。人体的感受器感到体液增加，机体通过体液调节系统减少体液，出现体液转移反射性多尿，导致水盐从尿中排出，血容量减少，血红蛋白量也可相应减少；还可出现心律不齐、心肌缺氧以及心肌的退行性变化，并出现相应的心脏功能障碍，如心输出量减少、运动耐力降低等，返回地面后对重力不适应而易于出现心慌气短以及体位性晕厥等表现。这些可严重影响人体健康和工作效率，因而成为中长期载人航天飞行的一大障碍，也是迫切需要解决的航天医学问题。随着航天飞行的时间延长，心血管功能可在新的水平上达到新的平衡，心率、血压、运动耐力以及减少的血容量和血红蛋白可逐步恢复到飞行前的水平。

长期失重会引起人体的骨钙质代谢紊乱。人体失重后，作用于腿骨、脊椎骨

等承重骨的压力骤减，同时，肌肉运动减少，对骨骼的刺激也相应减弱，骨骼血液供应相应减少，在这种情况下，成骨细胞功能减弱，而破骨细胞功能增强，使得骨质大量脱钙并经肾脏排出体外。骨钙的丢失会造成两个后果：骨质疏松和增大发生肾结石的可能。失重所导致的骨丢失随飞行时间的延长而持续进行，而且这种骨质疏松一旦形成，回到地面重力环境下也难以逆转。俄罗斯宇航员在和平号空间站上曾试验多种对抗措施，如每天 2 小时的跑台运动、穿企鹅服给以人工加载及服用特殊药物等，但未能完全解决问题。目前这仍然是航天医学需要解决的难点问题。

长期失重还可引起对抗重力的肌肉出现失用性萎缩，宇航员在长期的航天飞行中加强肌肉锻炼可以延缓这种肌肉萎缩，回到地面重力环境中后，进行积极的肌肉锻炼可以逐步使肌肉萎缩得到一定的恢复。

## 真空和微重力环境资源有什么用处

空间资源的开发和利用主要包括：航天器微重力资源开发利用、真空和超洁净环境资源的开发和利用等。

航天器轨道飞行提供的真空和微重力环境，是一个宝库，为人们提供了地面上难以获得的科学实验和生产工艺条件，在这种环境下可以进行地面上难以进行的科学实验，生产地面上难以生产的材料、工业产品和药物。

首先，在高真空和微重力环境中进行生命和生物科学实验，不会发生有机物污染，不会因发生混入出现测定错误。细菌等有危险性的微生物不会到处扩散，十分安全。

其次，真空和微重力环境对一些材料的制造有很大帮助。在零重力或微重力条件下，可以生产百分之百圆度的滚珠轴承等圆球工业产品，而在地面上，由于重力的影响，滚珠轴承等总不是真正的球形；可进行无容器冶炼，获得高品质的合金；不同比重的金属或非金属可以均匀地混合，获得新型合金材料；可以克服地面加工存在的组分过冷起伏和密度大等缺陷，生长出高质量、大直径的单晶体砷化镓等半导体材料。随着科技的发展，这一技术的应用范围还将进一步扩大。

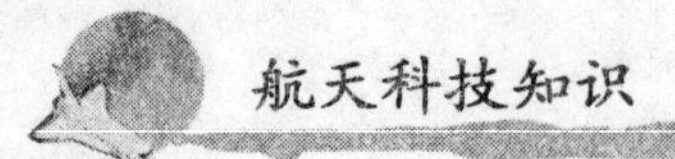


最后，太空制药是真空和微重力环境利用的重要方面。利用真空和微重力环境可高效率、高纯度地制造许多药物，如治疗烧伤的表皮生长素、治疗贫血的红细胞生长素、防治病毒感染的免疫血清、治疗肺气肿的胰蛋白酶抑制素、治疗血栓的尿激酶、治疗血友病的抗溶血因子8、治疗糖尿病的β细胞、治疗癌症的干扰素等40多种。

在微重力环境中，培养物液体中含有大量的气泡，也不会沉淀，微生物可随时获得氧气，生长速度比地面快一倍以上。而在地面上制药，由于地球重力作用，培养物会发生沉淀，处在沉淀中的微生物会因缺氧而死亡；如输氧搅拌，所形成的低压小气泡又会破坏细胞；如加防泡剂，则会降低氧的溶解度，有碍微生物的繁殖，形成恶性循环。

当然，不是所有的实验都一定要带到太空中进行，在地球上我们也可以创作出这样的环境，或者利用它的原理来进行试验或生产，比如真空器件。反过来，出于对这种环境的需要科学家们也开始更多地投入到真空和微重力的研究中去，促进和丰富了科学的发展。

由于各种电真空器件的工作原理是基于电场、磁场来控制电子在空间的运动借以达到放大、振荡、显示图像等目的。因此，避免电子与气体分子间的碰撞，保证电子在空间的运动规律，防止发射热电子的阴极氧化中毒，把电子器件内抽成不同电真空器件所要求的不同真空度、保证电子器件的正常工作，是绝对必要的。

在电真空工业中所生产的电真空器件主要有各种电子管、离子管、电子束管、电光源管以及中子管、电子衍射仪、电子显微镜、X光显微镜等。除此之外还有各种粒子加速器、质谱仪、核辐射谱仪、气体激光器以及利用真空中电子束进行除气、熔炼、区域提纯、难熔金属和介质的熔化和钻孔，开槽切割、放射性同位素的蒸发，难熔金属的焊接等许多方面。这些电子器件及工艺，在近代科学和近代大工业生产中所起的作用是不言而喻的。

真空力学的应用也是一个重要的方面。真空运输、吸引及起吊设备、都是利用真空与大气间存在压力差所产生的力来做功的。由于这种机械能存在着压强处处均匀的特点，因此，可绝对密接地施加到任何形状的平面上。这些设备均具有

结构简单，易于操作维护、运输、起吊吸引过程中无震动、生产效率高、运送易损坏物件安全可靠、对环境无污染等特点。因此，具有广阔的应用范围和前景。

真空造型也是利用压力差的一个重要方面，在立体军用地图、盲人书籍、示数模型、高级陶瓷、混凝土预制件、电冰箱洗衣机板件、玩具、复制浮雕和文物、行波管和返波管中的细旋支柱成形、质谱仪中分析室以及微波系统的波导制作方面、都广泛地采用了这一技术。

真空力学应用的另一个领域是真空过滤和真空浸渍。在化工，制糖，水泥等工业部门已开始大量采用的连续真空过滤、很容易将黏度大的悬浮液利用压力差的作用、通过微细筛孔而将其悬浮液中的液体与固体分离。在染料工业中利用真空过滤法可以大量节省棉布。真空浸渍是把片状或纤维状的疏松物质，进行先抽真空，再在液体中浸渍充填一些新的物质的一种新型工艺。这种工艺用在含油轴承、渔网纤维、皮革、非电解电容，变压器、电动机定子线圈等产品上已经显著地提高了产品质量。此外这种工艺对疏松劣质木材进行聚酯树脂浸，对铅笔木进行蜡类浸渍使其改变原有的天然性能达到化劣质为优质的目的，并已达到了预期的效果。

随着科技的进步，人们还将真空运用到了焊接、真空蒸馏等方面；在科学研究上，科学家们还发现了真空反重力（反引力）效应。

1998 年，一位学者发现，给一根约 14 米高的 PVC 透明塑料管内灌满水银，封堵两处端口后，将底处端口按插入一个装满水的水槽，打开底处端口后发现：管内水银的不断下降，而水槽的水在自己本身在没有耗费任何能源和作用力的前提下，竟然克服地球重力作用顺着透明塑料管内逆反着引力方向一直攀升到 14 米的塑料管内顶端。这个实验的意义非同寻常：它证实了被人们认为是一无所有的、空无、虚无的真空其实具备一种反重力、反引力的作用力！也正是这种人类还未发现的反重力、反引力的作用力促使真空管中液体水能够克服重力作用逆反引力方向向上攀升。

万有引力的本源问题曾使牛顿、爱因斯坦等物理学大师百思不得其解，直至他们逝世也没有弄明白万有引力是如何产生的，这不仅给自己留下一个千古遗憾，也给后人留下了一个“千古之谜”。现在只要我们运用“真空力论”去看待、解答引力起源问题，引力起源之谜就显得非常简单、非常明了。

也是在1998年，两个天体科研小组都发现了一种特别的天体现象——星系在加速膨胀。据此科学家们推测，在宇宙当中的确应该还存在着一种不同于目前已知的四种基本作用力的另外一种基本作用力！它们最大的区别就在于：已知的四种作用力所产生的力都是正压力即引力作用，而这种作用力恰恰相反，其所产生的力不是正压力而是一种负压力，即斥力作用。已知的四种作用力全部依赖于物质质量而存在，而这种作用力则完全可以脱离物质质量而独立存在！它最大的特征是可以克服重力而产生一种反引力的作用力！通俗一点就是说：重力可以促使物质体向人们脚下的方向运动，而这种作用力则恰恰相反，它可以促使物质体向人们头顶方向运动。由于这种力的特别和特殊性，人们对它的载体无法用物质这个概念来描述和定义，故此，称这种作用力的载体为“暗能量”。

“暗能量”自发现之日起就是以一种反引力、反重力作用力的面貌出现的，也就是说“暗能量”其实就是一种具有反重力反引力的作用力。真空的反重力反引力效应的发现就和这一作用力有莫大的关系，所谓的“暗能量”很可能就是我们所熟悉的真空。

## 载人空间技术

载人航天技术是人类航天史上的重大突破，它是指人类驾驶和乘坐载人航天器在太空从事各种探测、试验、研究、军事和生产的往返飞行活动。载人航天的目的在于突破地球大气的屏障和克服地球引力，把人类的活动范围从陆地、海洋和大气层扩展到太空，更广泛和深入地认识地球及其周围的环境，更好地认知整个宇宙；充分利用太空和载人航天器的特殊环境从事各种试验和研究活动，开发太空及其丰富的资源。载人航天器由载人航天系统实施，载人航天系统由载人航天器、运载器、航天器发射场和回设施、航天测控网等组成，有时还包括其他地面保障系统，如地面模拟设备和航天员训练设施。

根据飞行和工作方式的不同，载人航天器可分为载人飞船、太空船和航天飞机三类。载人飞船按乘员多少，又可分为单人式飞船和多人式飞船。按运行范围，可分为卫星式载人飞船和太空站，都可进行载人航天活动，又是一种重复使用的运载器。

## 参加航天员选拔的必备条件

（1）身高不能超过 1.75 米。

（2）体重轻于 80 千克。

（3）年龄为 20～45 岁。

（4）不能患有色盲。

（5）在工程、物理、生物或数学等学科取得学士、硕士或博士学位。

（6）能操至少一门外语。

（7）能驾驶飞机，有 100 小时以上的飞行经验。

（8）体魄强健。

此外，参加航天员选拔的人员必须通过个性、思维、感知、反应与判断能力等测试，方可参加航天员训练课程。

## 太空生活睡眠学问大

睡眠在动物界无所不在，人的一生有三分之一的时间花在睡眠上。但是，就人来说，为什么要睡眠？睡眠的作用是什么？迄今仍然是没有破解的难题。

人进入太空以后，航天医学专家就利用特有的失重条件，对睡眠进行深入的研究。

由于失重，人的方向感丧失了，所以，不管人体处于什么方向，是横还是竖，是正还是倒，都可以漂浮着在空中睡眠。

但是，为了安全，应该睡在有防火等功能的固定着的睡袋中，以免飞船加减速时碰伤，或被流动气流推动误碰仪器设备开关。

为了提高睡眠质量，还应创造条件，产生与地面上睡眠相同的感受，如给睡袋充气，或用绷带绑紧，使它向人体施加一定的压力，以模拟地球重力；带上眼

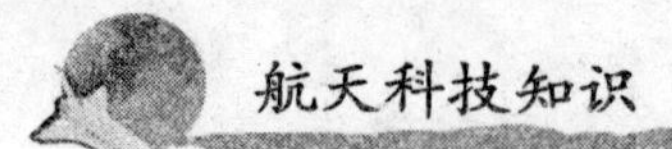


罩，不让航天器上快速交替的昼夜节奏影响睡眠，或者用灯光模拟地面上的昼夜节奏；带上耳塞，不让仪器设备和静电产生的噪声干扰睡眠，有条件时，应设专门的消音寝室。

在失重环境中，会产生头、四肢等可转动的肢体与躯干分离的幻觉，以及“灵魂出窍”的幻觉，特别是在朦胧的睡眠中更是这样。美国一位“阿波罗”登月航天员这样说过：“当你在睡眠中发现自己身体下面没有任何支撑的东西时，会有一种掉进万丈深渊的感觉。”

还有一名航天员，睡眠时习惯将手臂放在睡袋外。一次在他将要睡醒时，朦胧中发现有两个怪物正迎面向他飘来，吓出他一身冷汗。定过神来后，才知道那两个“怪物”原来是自己的两条手臂。在那以后，规定航天员睡眠时应将手臂放在睡袋内，如果非要放在睡袋外，应将双臂绑住。绑住手臂的另外一个作用是，不让手臂在睡梦中碰着仪器设备的开关。

航天医学工作者除在技术层面上对失重环境中的睡眠进行研究外，也对睡眠的本质和作用进行研究。如美国曾对“天空实验室”上航天员的睡眠进行过测量，了解到失重环境中的睡眠，与以往的睡眠研究将睡眠划分的 6 个阶段相符，只是较深度的睡眠阶段（第三个阶段）较长，醒来的次数较少。

现代睡眠研究认为，睡眠的过程是在慢波睡眠和快速眼部活动睡眠两种状态之间切换。对睡眠的作用是休息还是复原，是储存能量还是处理信息，则尚在争论之中。深入对失重环境中的睡眠进行研究，或许能为解开睡眠之谜提供线索。

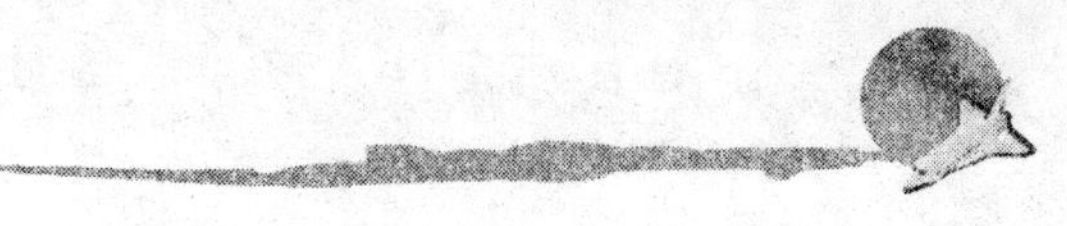

# 第二章　载人航天

## 航天技术的崛起与发展

人类很早就有遨游太空、征服宇宙的理想。宇宙的星球对人类一直充满着吸引力和神秘感，许多美丽的神话和传说，反映了人类对宇宙的向往和探索空间奥秘的心情。在我国就有“嫦娥奔月”以及孙悟空腾云驾雾、一个筋斗十万八千里的神话传说等。

航天飞行的历史是从火箭技术的历史开始的，没有火箭也就没有航天飞行。追溯源头，中国是最早发明火箭的国家。“火箭”这个词在三国时代就出现了。随着火药出现，火箭迅速应用到军事中。真正靠火药喷气推进而非弩弓射出的火箭的外形被记载于明代茅元仪编著的《武备志》中。这种原始火箭虽然没有现代火箭那样复杂，但已经具有了战斗部（箭头）、推进系统（火药筒）、稳定系统（尾部羽毛）和箭体结构（箭杆），完全可以认为是现代火箭的雏形。

中华民族不但发明了火箭，而且还最早应用了串联（多级）和并联（捆绑）技术以提高火箭的运载能力。明代史记中记载的“神火飞鸦”就是并联技术的体现；“火龙出水”就是串、并联综合技术的具体运用。世界上第一个试图乘坐火箭上天的“航天员”也出现在中国。相传在14世纪末期，中国有位称为“万户”的人，两手各持一个大风筝，请他人把自己绑在一把特制的座椅上，座椅背后装有47支当时最大的火箭（又称“起火”）。他试图借助火箭的推力和风筝的气动升力来实现“升空”的理想。“万户”的勇敢尝试虽遭失败并献出了生命，但他仍是世界上第一个想利用火箭的力量进行飞行的人。

真正意义上的火箭是19世纪末20世纪初开始发展起来的，这一时期火箭发展的代表人物有齐奥尔科夫斯基、戈达德（Robert Goddard）和奥伯特。

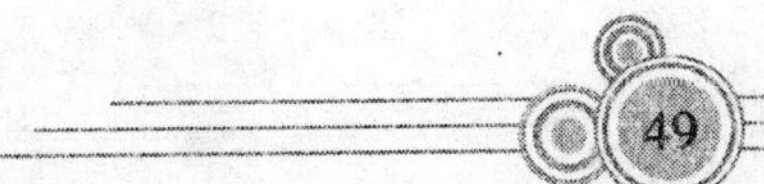

前苏联科学家齐奥尔科夫斯基一生从事利用火箭技术进行航天飞行的研究。在他的经典著作中，对火箭飞行的思想进行了深刻的论证，最早从理论上证明了用多级火箭可以克服地心引力进入太空的论点。美国的火箭专家、物理学家和现代航天学奠基人之一戈达德博士在1910年开始进行近代火箭的研究工作，他在1919年发表的《达到极大高度的方法》的论文中，阐述了火箭飞行的数学原理，指出火箭必须具有7.9千米/秒的速度才能克服地球的引力，并研究了利用火箭把有效载荷送至月球的几种可能方案。德国的奥伯特教授在他1923年出版的《飞向星际空间的火箭》一书中不仅确立了火箭在宇宙空间真空中工作的基本原理，而且还说明火箭只要能产生足够的推力，便能绕地球轨道飞行。同齐奥尔科夫斯基和戈达德一样，他也对许多推进剂的组合进行了广泛的研究。

1932年德国发射A2火箭，飞行高度达到3千米。1942年10月3日，德国首次成功地发射了人类历史上第一枚弹道导弹，并于1944年9月6日首次投入作战使用。V-2的成功在工程上实现了19世纪末、20世纪初航天技术先驱者的技术设想，V-2的设计虽不尽完善，但它却是人类拥有的第一件向地球引力挑战的工具，成为航天技术发展史上的一个重要里程碑。

## 伟大的航天先驱者

在人类航天历史上，有三位科学家的名字将被永远铭记，他们是：俄国的康斯坦丁·齐奥尔科夫斯基、美国的罗伯特·戈达德和德国的赫尔曼·奥伯特。

**康斯坦丁·齐奥尔科夫斯基**

康斯坦丁·齐奥尔科夫斯基是现代航天学和火箭理论的奠基人，1857年9月5日生于俄国伊热夫斯科耶镇。童年因病辍学，后来主要靠自学，读完中学和大学数理课程。1880年开始在卡卢加省博罗夫斯克县立学校任教并开始研究工作。研究课题有金属气球（飞艇）、流线型飞机、气垫火车和星际火箭的基本原理等。1903年发表了世界上第一部喷气运动理论著作《利用喷气工具研究宇宙空间》，提出了液体推进剂火箭的构思和原理图，并推导出在不考虑空气动力和地球引力的理想情况下，计算火箭在发动机工作期间获得速度增量的公式，为研究

火箭和液体火箭发动机奠定了理论基础。“十月革命”后，齐奥尔科夫斯基的才智得以充分发挥。在研究喷气飞行原理方面卓有建树：提出了燃气涡轮发动机方案，解决了航天器在行星表面着陆的理论问题，研究大气层对火箭飞行的影响，首次探讨从火箭到人造地球卫星的诸问题。齐奥尔科夫斯基一生撰写了730多篇论著。1932年，前苏联政府授予他劳动红旗勋章。

齐奥尔科夫斯基是不幸的，他患有耳聋，这使得他几乎与世隔绝。同时他也是幸运的。在1881年，齐奥尔科夫斯基对气体理论进行了大量思考和研究，并完成了一篇论文，送交彼得堡的物理和化学学会。学会的科学家看到齐奥尔科夫斯基的论文后十分惊讶，因为论文的内容和结论完全正确，但这一问题早在20多年前就已得到了圆满解决。科学家们认为，这位年轻学者可能与外界缺乏联系，并不知道他的“发现”已经问世多年了。著名科学家门捷列夫给齐奥尔科夫斯基写了一封措辞谨慎的信，对他的工作和成绩表示赞赏，还对他进行鼓励，希望他将来取得更大成果。

在齐奥尔科夫斯基一生中，他最感兴趣、花费精力最多、取得成就最大的领域是航天。他在1911年回忆说：“在过去很长时间里，我也和其他人一样，认为火箭不过是一种少有用途的玩具。我已很难准确回忆起我是怎样开始计算有关火箭的问题。对我来说，第一颗太空飞行思想的种子是由儒勒·凡尔纳的幻想小说播下的，它们在我的头脑里形成了确定的方向。我开始把它作为一种严肃的活动。”

1883年，齐奥尔科夫斯基在一篇名为《自由空间》的论文中，正式提出利用反作用装置作为太空旅行工具的推进动力，他对这种火箭动力的定性解释是：火箭运动的理论基础是牛顿第三定律和能量平衡定律。这些思想在1893年发表的科幻小说《月球上》和1895年写的《地月现象和万有引力效应》中得到了进一步发展。1896年，他开始从理论上研究星际航行的有关问题，进一步明确了只有火箭才能达到这个目的。1897年，他推导出著名的火箭运动方程式。

在这些工作的基础上，齐奥尔科夫斯基于1898年完成了航天学经典性的研究论文《利用喷气工具研究宇宙空间》，接着，他又于1910年、1911年、1912年和1914年在《科学报告》上发表了多篇关于火箭理论和太空飞行的论文。这些出色的著作系统地建立起了航天学的理论基础。

“十月革命”改变了齐奥尔科夫斯基的生活和研究条件，他的社会地位也有了很大提高。在他的论文和著作的影响下，一批火箭和航天爱好者走上了航天探索的道路。他的成就也被欧美广泛承认，德国航天先驱奥伯特曾在致齐奥尔科夫斯基的信中说：“您已经点燃了火炬，我们绝不会让它熄灭。让我们尽最大的努力，以实现人类最伟大的梦想。”随着世界范围内火箭和太空飞行研究热潮的兴起，齐奥尔科夫斯基的名望在迅速增长。1932 年在他 75 周岁生日时，苏联的各大报纸和杂志都刊登了有关他的事迹和科学成就的长篇文章，斯大林也向他发去了生日贺电，一时间这位老人成了苏联杰出的人民英雄。

1935 年 9 月 19 日，齐奥尔科夫斯基逝世于卡卢加，享年 78 岁。他晚年已获得了许多荣誉。逝世后，苏联政府给予了他更多的荣誉：1954 年，苏联科学院设立了齐奥尔科夫斯基金质奖章；政府为他建立了纪念像，并在卡卢加市建立了齐奥尔科夫斯基博物馆。他被誉为“俄罗斯航天之父”、世界上最伟大的航天先驱者。

今天，在航天界仍然流行着一句名言，这是齐奥尔科夫斯基在给《航空评论》杂志的信中写下的：“地球是人类的摇篮，但人类不可能永远被束缚在摇篮里。”

**戈达德**

戈达德有句名言：“昨天的梦想就是今天的希望、明天的现实”。在人类航天史上，正是罗伯特·戈达德的科学研究才使我们今天有机会现实许多飞天的梦想。他开发了多级火箭，每级发动机都将火箭推得更高一些，直至飞出大气层。他的多级火箭设计思想到今天还在用，就某些方面来说今天的火箭都是戈达德火箭。

罗伯特·戈达德于 1882 年出生在美国马萨诸塞州伍斯特。戈达德从小体弱多病，没法坚持正常上学。戈达德也是个坏学生，留过级，年龄比同学大。他讨厌数学，但是后来数学却帮助他成就了一番事业。

受英国作家 H. G. 韦尔斯的科幻小说《星际大战：火星人入侵地球》的影响，他决定发明一种飞行器，这种飞行器可以比什么都飞得更高、更远。从此他开始用心学习，他说：“我明白我必须做的头一件事就是读好书，尤其是数学。

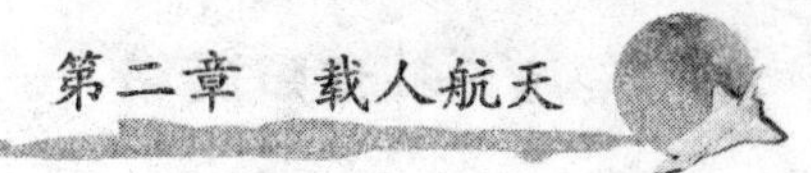

即使我讨厌数学，我也必须攻下它。”

他开始发展多级火箭设想，多级火箭就是不止一个发动机的火箭，每级发动机都可以将火箭推得更高一些。火箭的动力来自爆燃的两种气体——氢气和氧气。

1913 年 10 月，戈达德完成了第一枚火箭计划；次年 5 月，又完成了一枚火箭计划。这两次火箭计划为后来的载人航天奠定了必不可少的基础。1914 年，美国政府授予他两项专利以保护其发明权。斯密森学会为罗伯特·戈达德提供经费以帮助他继续研究火箭。1919 年，斯密森学会在《到达极限高度的方法》上发表了戈达德的几份报告来阐明他的研究。报告阐明了他怎样发展火箭的数学理论，并让火箭飞得比气球高的方法。在报告中，戈达德还讲述了火箭飞抵月球的可能性。对登月的可能性，新闻作了大辩论，很多人认为戈达德的研究并不现实。

1925 年，他设计并试射了世界上第一枚用软体化学燃料作动力的火箭；1926 年，又成功地试射了世界上第一枚用液体化学燃料作动力的火箭。许多历史学家认为火箭发射与莱特兄弟的飞机首次飞行一样地重要，戈达德的试验证明了火箭可以飞出地球大气层飞向太空。

戈达德所有的科研工作都是在美国完成的，但他的成果闻名全世界。德国科学家利用他的设计思想打造了用于第二次世界大战的 V－2 火箭。第二次世界大战期间，戈达德帮助美国海军开发了一些火箭发动机和发射喷气式飞机的方法。他继续研制打坦克的火箭筒，这是他在第一次世界大战末就做过的科研项目。

1945 年，罗伯特·戈达德因患癌症不幸去世，享年 63 岁。他一生体弱多病，但很乐观。他在火箭研究方面取得了显著成就，得到了很多荣誉，他相信自己的人生是完整的。他说：“梦想不知从何而来，我 17 岁时就将梦想变成了现实。”

罗伯特·戈达德去世多年后，得到了一项特殊的荣誉。1959 年，美国在华盛顿特区附近的马里兰建造了戈达德太空飞行中心，这是美国第一个完全用于太空科学的大型科学实验室。戈达德太空飞行中心向证明飞行器可以飞出地球大气层，飞向太空的美国火箭专家罗伯特·戈达德致敬。

**奥伯特**

奥伯特是德国火箭专家，现代航天学奠基人之一。赫尔曼·奥伯特于 1894

年6月25日出生于特兰西瓦亚，该地当时属奥匈帝国，现在位于罗马尼亚境内。在他12岁的时候，就因凡尔纳的《从地球到月球》的影响而迷上了星际旅行。1913年他到慕尼黑学医学，但第一次世界大战中断了他的学业。从1919年开始，奥伯特认真钻研物理，他阅读了所有他能找到的关于火箭和宇宙航行的著作，其中包括齐奥尔科夫斯基的著作。1923年他在德国出版了《飞往星际的火箭》一书，在书中他对多级空间运载工具的火箭推力作了重要的数学论证，并对未来的液体燃料火箭、人造卫星、宇宙飞船，以及宇宙空间站等作了精彩的设想和预言。这本书立刻在德国引起极大的轰动，激发了许许多多德国青年对宇宙旅行的憧憬。从1924年到1938年，奥伯特在特兰西瓦亚的一所中学里教数学和物理，但他对火箭的兴趣没有丝毫减退。当时有一部电影《月宫女郎》需要一架火箭，为此导演找到奥伯特，希望他能制作一个。虽然这个计划最终没有完成，但它却激发起了一批天才人物的想象力。

1940年奥波特加入德国籍，德国陷入经济萧条时期，能使火箭研究得以继续的唯一出路就是依靠军方的雄厚资本和独到条件，而陆军当局出于战争上的考虑对火箭表现出相当的兴趣。从此，火箭研究逐步转于陆军控制之下。虽然他没有直接参与发展后来的A－4火箭发动机，也就是著名的V－2火箭，但A－4火箭却完全是以他的理论框架为基础的。战后，奥伯特留在德国，并回到他的家乡住了一段时间。1951年，他离开德国到美国与布劳恩合作，共同为美国空间规划努力。这期间他写了两本书，一本是对十年内火箭发展的可能性作出展望，另一本谈到了人类登月往返的可能性。1960年奥伯特退休后回到德国，大部分时间用来思考哲学问题，这也许是许多德国科学家的习惯。奥伯特于1989年12月去世，享年95岁。

奥伯特的主要贡献是理论上的。他建立了下列条件之间的理论关系：燃料消耗、燃气消耗速度、火箭速度、发射阶段重力作用、飞行延续时间和飞行距离等。这些关系对于火箭的设计是最基本的因素。A－4火箭发动机主要是奥伯特的构想，其中95%以上的发明和技术构造都出自他的想法。A－4是第一个现代意义上的、可操作的火箭，对后来所发展的大型运载火箭有直接的影响。冯·布劳恩评价道："（奥伯特）从星际飞行的可能性想法出发，得出他的简单规则，并能将研究课题和抽象概念转化为数学计算”。奥伯特影响了整整一代工程师。作为航天事业的奠基人之一，他受到的称赞是当之无愧的。

## 冯·布劳恩的杰出贡献

1912年3月23日，冯·布劳恩出生于德国东普鲁士的维尔西茨。在苏黎世高等技术学校读书时，参加了奥伯特创始的德国空间旅行学会，并很快成为董事会成员。1930年，布劳恩进入柏林大学，成为奥伯特的学生。1932年，布劳恩大学毕业，还获得了飞机驾驶执照。受聘为多恩伯格的主要助手。1934年，布劳恩获得柏林大学物理学博士学位。1937年，布劳恩进入佩内明德大型火箭试验基地，并任技术部主任，领导火箭的研制，是二战中德国V－2火箭计划的主要创造者。第二次世界大战结束后，主要研究利用火箭的宇宙探索计划。参与探险家一号（美国首颗卫星）计划，以及后来的阿波罗登月计划。阿波罗11号登月成功也是其事业的巅峰。

第二次世界大战期间，曾给英国带来巨大灾难的武器是德国的V－2火箭，当时又叫“飞弹”。V－2工程起始于A系列火箭研究。由物理学博士冯·布劳恩主持，是1936年后在佩内明德新建火箭研究中心的重点项目。A系列火箭经过许多新的改进，性能大大提高，由纳粹的宣传部长戈培尔命名为“复仇使者”，所以代号变为V－2，V－2工程开始于1940年，目标是扩大容积和承载重量，以容纳自控，导航系统和战斗部。1942年10月3日，V－2试验成功，年底定型投产。从投产到德国战败，纳粹德国共制造了6000枚V－2，其中4300枚用于袭击英国和荷兰。

V－2是单级液体火箭，全长14米，重13吨，直径1.65米，最大射程320千－米，射高96千米，弹头重1吨。V－2采用较先进的程序和陀螺双重控制系统，推力方向由耐高温石墨舵片操纵执行。V－2在工程技术上实现了宇航先驱的技术设想，对现代大型火箭的发展起了承上启下的作用，成为航天发展史上一个重要的里程碑。

布劳恩是一个对太空怀有特殊感情的人，早在18岁时，他就加入了宇航协会从事火箭研究，而终生再没有放弃过。第二次世界大战后，冯·布劳恩作为“头脑财富”来到美国。1956年，任美国陆军导弹局发展处处长。他先后研制成“红石”、“丘比特”、“潘兴式”导弹。其中“丘比特”C型火箭，是美国第一颗人造卫星发射成功的关键保障。

1961年5月25日，美国宣布实施“阿波罗”载人登月计划。1969年7月16日凌晨4时，肯尼迪航天中心的发射控制室下令：“倒计时开始”。3天之后，7月20日晚10时56分，由“土星”5号发射的“阿波罗”11号飞船在月球上登陆成功。1969年7月24日阿波罗-11号宇宙飞船安全返航。它标志着首次载人登月行动的胜利完成。57岁的德国人冯·布劳恩用他的聪明才智和无尽的想象力确保了美国在与苏联人的这场太空角逐中取得辉煌胜利。宇航员尼尔·阿姆斯特朗在月球上踩出人类第一个脚印。与阿姆斯特朗通话的控制中心官员情不自禁高呼：“你踩下的脚印也是冯·布劳恩博士的足迹”，布劳恩成为了美国家喻户晓的英雄。

在1972年12月阿波罗17号结束飞行后，阿波罗计划就宣告结束了。布劳恩转到空间站的研究上去。布劳恩也试图在其他方面有所突破，但他的健康情况却逐渐恶化，导致他于1976年12月退休，于1977年1月16日于弗吉尼亚去世。

## 长征和长征系列火箭

历史上把中国工农红军主力从长江以南各革命根据地向陕甘革命根据地会合的战略转移称为长征。1934年10月，中央红军主力离开中央革命根据地开始长征。同年11月和次年4月，在鄂豫皖革命根据地的红二十五军和川陕革命根据地的红四方面军分别离开原有根据地开始长征。1935年11月，在湘鄂西革命根据地的红二、六军团也离开根据地开始长征。1936年6月，第二、六军团组成第二方面军。同年10月，红军第一、二、四方面军在甘肃会宁胜利会合，结束了长征。其中红一方面军长征历时一年，转战十一个省，最远行程约二万五千里。长征的胜利表明中国共产党和中国工农红军是一支不可战胜的力量。

中国工农红军长征的胜利，是人类历史上的奇迹。从1934年开始到1936年

结束，红军长征转战十四个省，历经曲折，战胜了重重艰难险阻，保存和锻炼了革命的基干力量，将中国革命的大本营转移到了西北，为开展抗日战争和发展中国革命事业创造了条件。

长征精神也是一笔巨大财富，它既是中华民族不可战胜的写照，也是中国人民自力更生、艰苦创业的体现。火箭的研制和长征有很多相同的地方，征途漫漫，千难万险，将火箭命名为长征就变得顺理成章，我们的航天精神和长征精神是一脉相承的。

中国自1956年开始展开现代火箭的研制工作。1964年6月29日，中国自行设计研制的中程火箭试飞成功之后，即着手研制多级火箭，向空间技术进军。经过了五年的艰苦努力，1970年4月24日“长征1号”运载火箭诞生，首次发射“东方红1号”卫星成功。中国航天技术迈出了重要的一步。现在，“长征”系列火箭已经走向世界，享誉全球，在国际发射市场占有重要一席。

## “长征”家族

### 长征1号

“长征1号”运载火箭是一种三级火箭，主要用于发射近地轨道小型有效载荷。火箭全长29.86米，最大直径2.25米，起飞重量81.6吨，起飞推力112吨，能把300千克重的卫星送入440千米高的近地轨道。1970年4月24日，“长征1号”运载火箭成功地将“东方红1号”卫星送入预定轨道，奠定了长征系列火箭发展的基础。

### 长征1号D

“长征1号D”运载火箭是“长征1号”火箭的改进型。主要的改进有：提高一子级发动机推力；提高二、三子级性能；采用“平台－计算机”全惯性制导。经过改进，“长征1号D”火箭可以发射各种低轨道卫星，并已投入商业发射。

### 长征2号

“长征2号”运载火箭是中国的航天运载器的基础型号。在“长征1号”的技术基础上，发展了“长征2号”、“长征3号”和“长征4号”系列运载器。“长征2号”火箭是一种两级火箭，全长31.17米，最大直径3.35米，起飞重量190吨，能把1.8吨的卫星送入距地面数百千米的椭圆形轨道。1975年11月26日，“长征2号”火箭完成了中国第一颗返回式卫星的发射任务。

**长征2号C**

“长征2号C”火箭是在“长征二号”火箭基础上改进设计研制的，采用了大推力液体火箭发动机，箭长为35.15米，近地轨道的运载能力增加到2.4吨，火箭的可靠性也大大提高。在“长征2号C”火箭基础上研制的“长征2号C”改进型火箭是一种三级火箭，箭长增加为43.027米。“长征2号C”系列运载火箭自1982年9月首次成功发射以来，至今发射成功率为100%。1987年，“长征2号C”火箭被授予“全国质量金质奖”。1999年，“长征2号C”火箭被中国航天工业总公司授予“优质液体运载火箭”称号。

**长征2号D**

“长征2号D”火箭是一种两级火箭，全长38.3米，起飞重量232吨。主要是在“长征2号”火箭的基础上采取增加推进剂加注量和增大起飞推力的办法，使运载能力进一步提高。1992年8月首次发射，至今发射成功率为100%。

**长征2号E**

“长征2号E”捆绑火箭，是以加长型“长征2号C”为芯级，并在第一级周围捆绑四个液体助推器组成的低轨道两级液体推进剂火箭。火箭总长49.68米，直径3.35米。每个液体助推器长为15.4米，直径2.25米，芯级最大直径4.2米。总起飞重量461吨，起飞推力600吨，能把8.8吨至9.2吨有效载荷送入近地轨道；经适当适应性修改后，还可以用来发射小型载人飞船。

**长征2号F**

“长征2号F”火箭是在“长征2号E”火箭的基础上，按照发射载人飞船的要求，以提高可靠性、确保安全性为目标研制的运载火箭。“长征2号”是我国第一种为载人航天研制的高可靠性、安全性运载火箭，是载人航天工程的重要组成部分之一。它在“长征2号”基础上增加了2个新系统，即逃逸系统和故障

检测处理系统。火箭全长 58.343 米，起飞质量 479.8 吨，芯级直径 3.35 米，助推器直径 2.25 米，整流罩最大直径 3.8 米。火箭的芯级和助推器发动机均使用四氧化二氮和偏二甲基作为推进剂。它可把 8 吨重的有效载荷送入近地点高度 200 千米、远地点高度 350 千米、倾角 42.4 度 ~42.7 度的轨道。火箭由四个液体助推器、芯一级火箭、芯二级火箭、整流罩和逃逸塔组成，是目前我国所有运载火箭中起飞质量最大、长度最长的火箭。运载火箭有箭体结构、控制系统、动力装置、故障检测处理系统、逃逸系统、遥测系统、外测安全系统、推进剂利用系统、附加系统、地面设备等十个分系统，为兼顾卫星的发射，保留了有效载荷调姿定向系统的接口和安装位置。故障检测处理系统和逃逸系统是为确保航天员的安全而增加的，其作用是在飞船入轨前，监测运载火箭状态，若发生重大故障，使载有航天员的飞船安全地脱离危险区。“长征 2 号 F”运载火箭先后成功发射了神舟一号至神舟七号飞船，为我国成功实现载人航天飞行作出了历史性贡献。

**长征 3 号**

“长征 3 号”运载火箭是三级火箭，其一、二级是在“长征 2 号 C”火箭的基础上研制的，其三子级采用了低温高能液氢液氧发动机。火箭全长 44.86 米，一、二级直径 3.35 米，三级直径 2.25 米，起飞重量 204.88 吨，地球同步转移轨道运载能力为 1.6 吨。“长征 3 号”火箭的成功发射，标志着中国运载火箭技术跨入世界先进行列，是中国运载火箭发展上的一个重要里程碑。它首次采用了液氢、液氧作火箭推进剂，首次实现火箭的多次启动，首次将有效载荷送入地球同步转移轨道。

**长征 3 号 A**

“长征 3 号 A”火箭是三级火箭，它继承了“长征 3 号”火箭的成熟技术，采用了新设计的液氢液氧三子级。火箭全长 52.52 米，最大直径 3.35 米，起飞质量 240 吨，主要发射地球同步转移轨道的有效载荷，也可以发射低轨道、极轨道或逃逸轨道的有效载荷。其地球同步转移轨道的运载能力为 2.6 吨。自 1994 年 2 月 8 日首次发射成功以来，至今发射成功率为 100%。2007 年 6 月被中国航天科技集团公司授予“金牌火箭”称号。

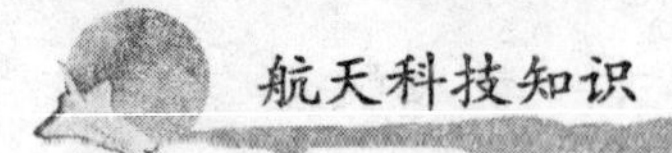


### 长征 3 号 B

“长征 3 号 B”火箭是在“长征 3 号 A”和“长征 2 号 E”火箭的基础上研制的三级大型液体捆绑式运载火箭，其芯级与“长征 3 号 A”火箭基本相同，一子级壳体捆绑 4 个标准液体助推器。火箭全长 54.84 米，起飞质量 426 吨，主要发射地球同步转移轨道的重型卫星，亦可进行轻型卫星的一箭多星发射或发射其他轨道的卫星。其地球同步转移轨道的运载能力为 5.4 吨。

### 长征 3 号 C

“长征 3 号 C”火箭是在“长征 3 号 B”火箭的基础上，减少了两个助推器并取消了助推器上的尾翼。火箭全长 54.84 米，起飞质量 345 吨，主要提高发射地球同步转移轨道的有效载荷，可以进行一箭多星发射或发射其他轨道的卫星。其地球同步转移轨道的运载能力为 3.8 吨。

### 长征 4 号

“长征 4 号”系列运载火箭包括“风暴 1 号”、“长征 4 号”、“长征 4 号 A”、“长征 4 号 B”等火箭。“风暴 1 号”为两级液体火箭，主要用于发射低轨道卫星，并成功完成一箭三星的发射任务。火箭长 32.57 米，最大直径 3.35 米。1982 年停止使用。

“长征 4 号”是在“风暴 1 号”基础上研制的三级常规运载火箭，作为发射地球同步转移轨道卫星运载火箭的另一方案，其后改型为“长征 4 号 A”，用于发射太阳同步轨道卫星。火箭长 41.9 米，最大直径 3.35 米。

### 长征 4 号 A

“长征 4 号 A”火箭是三级火箭，一、二、三级均采用常规推进剂，主要用于发射太阳同步轨道卫星。火箭全长 41.9 米，最大直径 3.35 米，起飞质量 248.9 吨，起飞推力约 300 吨。1988 年 9 月首次发射，发射成功率为 100%。

### 长征 4 号 B

“长征 4 号 B”火箭是在“长征 4 号 A”火箭基础上发展的一种运载能力更大的运载火箭，主要用于发射太阳同步轨道卫星。火箭全长 45.58 米，最大直径 3.35 米，起飞质量 249 吨，起飞推力约 300 吨，900 千米高度极轨的运载能力为

1.45 吨。1999 年 5 月首次发射，至今发射成功率为 100%。

**长征 4 号 C**

“长征 4 号 C”火箭是在“长征 4 号 B”火箭的基础上，三级发动机采用二次启动技术，大幅提高了有效载荷的运载能力。“长征 4 号 C”（CZ－4C）运载火箭是由中国航天科技集团公司第八研究院抓总研制的常温液体推进剂三级运载火箭，是在原“长征四号 B”（CZ－4B）运载火箭的基础上经大量技术状态改进设计而成，以全面提高火箭的任务适应性和测试发射可靠性为目标进行研制。CZ－4C 火箭可以满足多种卫星在发射轨道、重量和包络空间等方面更高的要求，同时采取新的测发控模式，可以显著提高火箭测试和发射的可靠性，缩短发射场工作周期。首发改进型运载火箭于 2006 年 4 月 27 日在太原卫星发射中心成功发射，将我国首颗遥感卫星准确送入预定轨道，并实现了首发火箭发射场测试零故障：CZ－4C 火箭至今已连续三次发射成功。

**长征 5 号**

随着推力为 120 吨的 YF－100 液氧煤油发动机和推力为 50 吨的 YF－77 氢氧发动机先后完成长程试车，海南文昌航天发射基地审批立项，我国新一代、组合化的运载火箭系列长征－5 号的研制也进入关键阶段。

长征－5 号运载火箭系列以 120 吨和 50 吨两种发动机为基础，构成 5 米直径、3.35 米直径和 2.25 米直径三种模块，形成“通用化、系列化、组合化”的新一代运载火箭系列。这次展出的模型便是长征－5 号运载火箭系列中最为强大的型号，以 5 米模块（2 个 50 吨 YF－77）为芯级，以 4 个 3.35 米模块（2 个 120 吨 YF－100）为助推器。

长征－5 号运载火箭突破 3.35 米直径的限制，一个关键条件便是呼唤多年的海南文昌航天发射基地的上马。此前我国酒泉、西昌、太原三个发射基地受到铁路运输条件的限制，火箭直径不能超过 3.35 米。发射基地建在沿海，火箭则使用不受体积限制的海运。地处低纬度的海南则可增强火箭有效发射能力；广袤的南海可成为火箭残骸安全便捷的坠落区（长征－5 系列为无毒无污染设计）。

在长征－5 号重型运载火箭和海南文昌航天发射基地问世后，中国航天将具备 25 吨的近地轨道运载能力和 12 吨的地球同步轨道运载能力，可发射 20 吨级长期有人照料的空间站、大型空间望远镜、返回式月球探测器、深空探测器、超重型应用卫星，推动我国空间应用产业、载人航天技术和天文科学的发展，也必将大大提高我国在国际航天发射市场上的竞争能力。预计2015年亮相。

## 第一枚运载火箭

运载火箭是现代尖端科学技术领域里的专有名词。就其本义讲，它是把卫星和宇宙飞船运送到预定轨道，或把弹头投掷到预定目标的一种运载工具。按照射程的远近，运载火箭分为近程、中程和远程三种。

1980年5月18日，我国向太平洋预定海域发射的第一枚运载火箭获得了圆满成功。我国这次发射的运载火箭属于远程火箭。这次试验成功，标志着我国运载火箭技术达到了新的水平。这枚运载火箭在高空中顺利完成了火箭级间的分离、发动机关机和火箭头体分离等一系列程序，精确地沿着预定轨道飞完全程，最后在预定区域准确入海。这次运载火箭的发射成功，是继我国进行原子弹、氢弹、导弹核武器研究和发射人造卫星成功后，在尖端科学技术领域里取得的又一项重要成就。

## 捆绑式火箭

捆绑式火箭，是指将多枚火箭并排捆绑起来发射，目的是为了使众多火箭同时产生更大的推力。由于捆绑式火箭推力大，所以可以用它来运载更重的航天器上天。前苏联早期发射的“东方”号载人宇宙飞船，就是用捆绑式火箭送上天的。

1986年，为了适应国际卫星发射市场的需求和推进航天技术的进一步提高，我国把研制大推力捆绑式火箭提上日程。1988年11月，我国和美国休斯公司草签了用“长征2号E”火箭发射美国制造的澳大利亚通信卫星的发射合同，同年12月这种新型运载火箭进入研制阶段。

按照合同，研制“长征2号E”火箭只有18个月的时间，但是我国航天科

技人员和工人日夜兼程，顽强拼搏，用三个月完成了24套共计44万张图纸的设计工作，用四个月备齐2000吨各种材料，用五个月订购1100多项机电产品和58万件电子元器件，12个月建起地下深10米、地上高51米的大型火箭振动试验塔，14个月建起直径14米、重400吨、承载能力1000吨的大型发射台，12个月攻克各类技术难关114项、制造非标准设备和专用工艺设备1800套、浇铸铝铁件920吨、锻造各种毛坯100吨、加工地面设备100台套、生产各种零部件80多万件。最后完成了研制一个新型号至少需要三、四年的工作量，把一张草图变成了一枚巍峨耸入云霄的庞大火箭。1990年7月16日，“长征2号E”火箭在西昌卫星发射中心首次亮相，一举把一颗澳星模拟星和一颗巴基斯坦科学卫星送入预定轨道。澳星模拟星重7300千克，巴基斯坦科学卫星重70千克，卫星进入轨道近地点200千米、远地点1000千米。这次发射验证了火箭设计方案的正确性，考核了火箭与西昌卫星发射中心新建发射工位和发射系统的协调性，标志着中国已经掌握了火箭捆绑技术，中国运载火箭技术达到了一个新的高度。

“长征2号E”运载火箭的研制成功，不仅大大增强中国的低轨道和地球同步转移轨道的运载能力，而且为中国大推力火箭的研制发挥了承前启后的作用。我国“长征2号E”火箭正式发射外国卫星共有7次，失败2次，在国际商务发射中赢得了一席地位。

## 空间科学的发展

自古以来，人类就向往着宇宙空间。先辈学者都曾倾注了很大的精力去观测和研究发生在地球周围空间（近地空间）、太阳系空间及更遥远的宇宙空间的自然现象。早期对地磁、天体运行、极光、彗尾、太阳黑子、太阳耀斑和超新星爆发的观察等，对陨石进行化学分析，对宇宙物质的某些化学组成的光谱测定等，这些研究积累了人类认识宇宙的宝贵知识。

20世纪以来，短波无线电远程通信试验成功，电离层的发现，宇宙线的观测，磁暴和电离层暴27天重现性与太阳自转有关的发现，以及等离子体振荡的发现等，也促进了理论研究的发展。在实验方面，用探空火箭拍摄了太阳的整个光谱，探测了电离层和高层大气结构；光谱分析广泛地用于测定太阳和行星大气的化学组成；对地外生物和地外文明也开始了探索。这些都为空间科学的形成奠定了基础。

20 世纪 50 年代以后，在大量地面台站、气球和火箭观测及长期理论研究的基础上，迫切要求各相关学科之间密切配合，要求全球性的协同观测以及发展新的探测手段。1956 年，在国际地球物理年大会上，美国和前苏联宣布将要发射人造地球卫星以增强对地球物理学的研究。1957 年，前苏联首次发射了人造地球卫星，这标志着人类进入了空间时代。从此，许多国家和团体发射了大量的空间飞行器并进行了广泛的多学科的研究，促使空间科学迅速发展。

40 多年来，人们对近地空间环境进行了大量的普查，发现了地球辐射带、环电流，证实了太阳风、磁层的存在，发现了行星际磁场的扇形结构和冕洞等；月球探测器和“阿波罗”飞船载人登月，对月球进行了探测和综合性研究；行星际探测器系列对行星进行了探测，并由对内行星发展到内外行星的探测；天文观测卫星系列对太阳、银河辐射源、河外源，在红外、紫外、X 射线和 $\gamma$ 射线波段进行了探测。在取得上述进展的同时，空间生命科学也相应地迅速发展起来。例如，研究人在空间长期生存的一系列问题，包括在失重、超重、高能辐射、节律改变等条件下人体的适应能力等；空间生物学、医学和生保系统的研究也取得了很大的进展；关于地外生命也在进一步探索。

从 70 年代后期，空间科学的发展进入了更高阶段。这主要表现为：对重大科学课题的研究更有针对性，并能制定周密的探测与研究计划，同时加强了理论研究；在开展广泛的国际合作下，进行了全球性的协同探测与研究。航天飞机的出现，将开辟空间科学史的一个新纪元，成为空间时代第二阶段的标志。

## 我国载人航天技术重大成就

载人航天工程是当代世界高新科技发展水平的集中展示，是世界高新科技中最具挑战性的领域之一，也是衡量一个国家综合国力的重要标志。1992 年我国启动的载人航天工程，是继“两弹一星”之后的又一国家重大高科技工程，也

是我国航天事业创立以来规模最庞大、系统最复杂、技术难度大、可靠性和安全性要求最高的航天工程。

我国载人航天一期工程的核心部分是研制“神舟”载人飞船。我国研制载人飞船起步较晚，始终坚持高起点、瞄准高目标，攻克了一批国际宇航界公认的技术难题，采用了多项具有国际先进水平的新技术，一步跨越美俄40年历程，研制出具有国际先进水平的载人飞船。“神舟”号载人飞船整体水平达到或优于国际上第三代即最新一代载人飞船的水平，并具有自身特色。它由轨道舱、返回舱和推进舱三舱构成，可容纳3名航天员，返回舱直径达2.5米，是目前世界上可利用空间最大的飞船。返回舱返回后，同国外废弃轨道舱的做法不同，轨道舱可留在轨道上数个月，继续进行空间科学探测和技术试验。我国载人飞船的研制工作，实现了高起点、高效益和跨越式发展。

1999年11月，“神舟一号”试验飞船发射并回收成功，中国载人航天技术取得重大突破；之后又成功地发射并回收了3艘“神舟”号无人试验飞船，为实现载人飞行奠定了坚实基础；2003年10月15日至16日，“神舟五号”载人飞船把我国首位航天员成功地送入太空并安全返回，实现中华民族千年飞天的梦想，在我国航天发展史上树立了又一座里程碑；2005年10月，“神舟六号”载人飞船实现了“两人五天”的载人航天飞行，首次进行了有人参与的空间试验活动，中国在载人航天领域取得了又一个重大成就。我国载人航天工程的历史性突破和连续成功，是我国航天事业具有里程碑意义的重大胜利。

## 载人航天工程意义

载人航天事业是一项巨大的系统工程，所以它的发展基础必须是综合国力强盛、经济发展水平高、有一批从事航天科技事业的骨干人才队伍、有先进的科学技术的发展水平，这样才有可能发展载人航天事业。具备什么条件才能发展载人航天事业呢？简单地说就是建立国家载人航天大系统，或称载人航天体系。这个体系的建立可谓“包罗万象”：地面发射基地的建设、指挥管理系统的组建、跟踪、遥测、遥控和通信网络的组建、火箭与推进系统的建设、航天器制造工艺中的新材料的研制、发射、回收等技术，航天员系统的完善——选拔什么样的人进入太空，建立航天员的训练基地，建立航天医学体系，结合航天器研制建立航天员的环境控制与生命保障系统，组织好航天员进入太空的前、中、后的医学监督与保障工作，确保航天员的安全，结合载人航天器研制增设应急救生系统，等等。

既然如此大费周章，发展载人航天又有何意义呢？总的说来有如下几个方面：

（1）在科技方面，因为载人航天技术是科技密集综合性尖端技术，它体现了现代科学技术多个领域的成就，同时又给予现代科学技术各个领域提出了新的发展需求，从而促进和推动整个科学技术的发展，也就是说一个国家载人航天技术的发展，可以反映这个国家的整体科学技术和高技术产业水平。

（2）载人航天的发展能更好地开发太空资源为地球人类造福。浩瀚的太空是人类巨大的宝库，它含有丰富的资源，而载人航天事业是通向这个宝库的桥梁，航天员们在太空对地球居高临下，能以各种不同的手段对地球进行观测获取更多的信息和资料。太空中的微重力、真空和无对流环境，是制造地球上难以完成的合金材料以及有关产品的男的工厂。太空工厂的产品或半成品送回地面后，也许还会带来“新的工业革命”。

（3）发展载人航天能体现一个国家综合国力。当今世界各发达国家在发展战略上都把综合国力的增强作为首要目标，其核心是发展高科技，而高科技的主要内容之一就是载人航天。当一个国家把自己的航天员送入太空时，它可充分体现其综合国力的强盛，也将增强该国民众的民族自豪感、振奋民族精神、增强全民的凝聚力。

（4）载人航天是人类发展的一个新阶段的开始。因为人类可以通过载人航天的桥梁，转移到其他星体居住和生活，开发出更美好的生活空间。这不是可望而不可即的事情。当前首先要做的是人们到太空旅游、先看看神秘的太空和美妙的仙境。不久，人类将主宰太空，实现人类发展的革命。

# 航天器的结构

不同类型的航天器，其系统的结构、外形和功能千差万别，但是它们的基本系统组成都是一致的，一般分为有效载荷和保障系统两大类。

**有效载荷**

用于直接完成特定的航天飞行任务的部件、仪器或分系统。

有效载荷种类很多，随着飞行任务即航天器功能的不同而异。例如，科学卫星上的粒子探测器，天文观测卫星上的天文望远镜，侦察卫星上的可见光相机、CCD 相机、红外探测器、无线电侦察接收机，气象卫星上的可见光和红外扫描辐射仪，地球资源卫星上的电视摄像机、CCD 摄像机、主题测绘仪、合成孔径雷达，通信卫星上的转发器和通信天线，生物科学卫星上的种子和培养基等，均属有效载荷。单一用途的卫星装有一种类型的有效载荷，而多用途的卫星可以装有几种类型的有效载荷。

**保障系统**

用于保障航天器从火箭起飞到工作寿命终止，星上所有分系统的正常工作。各种类型航天器的保障系统一般包括下列分系统。

（1）结构系统。用于支承和固定航天器上各种仪器设备，使它们构成一个整体，以承受地面运输、运载器发射和空间运行时的各种力学环境（振动、过载、冲击、噪声）以及空间运行环境。

（2）热控制系统。又称温度控制系统，用来保障各种仪器设备在复杂的环境中处于允许的温度范围内。航天器热控制的措施主要有表面处理（抛光、镀金或喷刷涂料），包覆多层隔热材料，使用热控百叶窗、热管和电加热器等。

（3）电源系统。用来为航天器所有仪器设备提供所需的电能。现代航天器大多采用太阳电池和蓄电池联合供电系统。

（4）姿态控制系统。用来保持或改变航天器的运行姿态。常用的姿态控制方式有重力梯度稳定、自旋稳定和三轴稳定。

（5）轨道控制系统。用来保持或改变航天器的运行轨道。轨道控制往往与

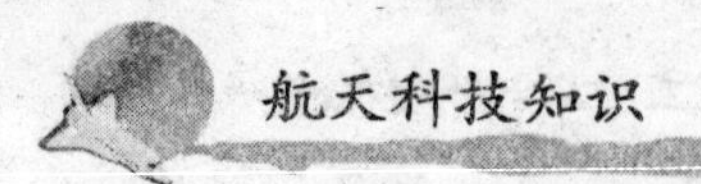



姿态控制配合，它们构成航天器控制系统。

（6）测控系统。包括遥测、遥控和跟踪三部分。遥测部分主要由传感器、调制器和发射机组成，遥控部分一般由接收机和译码器组成，用于接收地面测控站发来的遥控指令，传送给有关系统执行，跟踪部分主要是信标机和应答机，它们不断发出信号，以便地球测控站跟踪航天器并测量其轨道位置和速度。

除了以上基本系统组成外，航天器根据其不同的飞行任务，往往还需要有一些不同功能的专用系统。例如，返回式卫星有回收系统、载人飞船有乘员系统、环境控制与生命保障系统、交会与对接系统、航天飞机有着陆系统等。

一个刚体航天器的运动可以由它的位置、速度、姿态和姿态运动来描述。其中位置和速度描述航天器的质心运动，这属于航天器的轨道问题；姿态和姿态运动描述航天器绕质心的转动，属于姿态问题。从运动学的观点来说，一个航天器的运动具有6个自由度，其中3个位置自由度表示航天器的轨道运动，另外3个绕质心的转动自由度表示航天器的姿态运动。

## 航天器姿态控制

航天器的姿态控制包括姿态确定和姿态控制两方面内容。姿态确定是研究航天器相对于某个基准的确定姿态方法。这个基准可以是惯性基准或者人们所感兴趣的某个基准，例如地球。姿态控制是航天器在规定或预先确定的方向上定向的过程，它包括姿态稳定和姿态机动。姿态稳定是指使姿态保持在指定方向，而姿态机动是指航天器从一个姿态过渡到另一个姿态的再定向过程。

姿态控制通常包括以下几个具体概念。

（1）定向。指航天器的本体或附件以单轴或三轴按一定精度保持在给定的参考方向上。此参考方向可以是惯性的，也可以是转动的。由于定向需要克服各种空间干扰以保持在参考方向上，因此，需要通过控制加以保持。

（2）再定向。指航天器本体从对一个参考方向的定向改变到对另一个新参考方向的定向。再定向过程是通过连续的姿态机动控制来实现的。

（3）捕获。又称为初始对准，是指航天器由未知不确定姿态向已知定向姿

态的机动控制过程。捕获一般分粗对准和精对准两个阶段进行。粗对准是指初步对准，通常需用较大的控制力矩以缩短机动的时间，但不要求很高的定向精度。精对准是指粗对准或再定向后由于精度不够而进行的修正机动，以保证定向的精度要求。精对准一般用较小的控制力矩。

（4）跟踪。指航天器本体或附件保持对活动目标的定向。

（5）搜索。指航天器对活动目标的捕获。

姿态稳定是保持已有姿态的控制，航天器姿态稳定方式按航天器姿态运动的形式可大致分为两类：自旋稳定和三轴稳定。前者是指卫星等航天器绕其一轴（自旋轴）旋转，依靠旋转动量矩保持自旋轴在惯性空间的指向。自旋稳定常辅以主动姿态控制，来修正自旋轴指向误差；后者是指依靠主动姿态控制或利用环境力矩，保持航天器本体三条正交轴线在某一参考空间的方向。

## 联盟号飞船

联盟号飞船是前苏联研制的第三代载人飞船的名字，是前苏联在积累了多年经验之后，所开发出来的一种最成熟的载人航天器，与之相对应的载人航天计划称为联盟计划。由联盟号飞船衍生出的其他航天器包括：联盟 T，这是联盟号的直接升级物和替代品；联盟 TM，相对联盟 T 进行了更多的改进，是俄罗斯航天部门现在拥有的唯一一种可载人航天器，也是可向国际空间站输送宇航员的仅有的两种工具之一（另一种是美国的航天飞机）。其他衍生物包括进步号货运飞船，这是一种设计十分成功的无人货物运输飞船，在维持和平号空间站和国际空间站的正常运转中发挥了巨大的作用。

自 1965 年 3 月“上升 2 号”飞船飞行之后，足有两年多，前苏联没有进行任何载人宇宙航行。前苏联正在研制一个推力更大的运载工具，把“联盟号”送上天。“联盟号”宇宙飞船是一种多座位飞船，内有一个指挥舱和一个供科学实验和宇航员休息的舱房。“联盟号”第一次发射是在 1967 年 4 月 23 日，飞行目的是演练这种新的宇宙飞船各个系统的工作情况。不幸的是，它酿成了一场悲剧。

1967年4月23日，前苏联第一艘载人的联盟号飞船顺利发射，而且完成了第13圈的轨道飞行，飞船宇航员向地面报告工作顺利。在飞到第18圈时，操纵和稳定飞船明显发生了困难，航天员开始做再入大气层的定向操纵和启动反推火箭的时候，事故发生了，飞船以每小时644千米的速度撞到地面，宇航员弗拉基米尔·科马罗夫上校当即死亡。

关于这一事故，前苏联方面的官方报道大概是这样：宇宙飞船在飞行24小时之后按原计划进入大气层，但在7000米高空，因主降落伞未能张开，于是飞船和宇航员一起机毁人亡。

“联盟1号”在发射前曾使用计算机有系统地检查了火箭的每一个部件。为谨慎起见，第一次飞行只选了1名宇航员，他就是弗拉基米尔·科马罗夫。他是前苏联宇航员中技术最好的人之一，也是第一个两次进入外层空间的人，可是在第二次飞行即将结束时，他却丧了命。

“联盟1号”的失事使前苏联的载人宇航推迟了18个月，直到1968年10月26日才发射了一艘新的“联盟号”飞船。“联盟3号”宇宙飞船由宇航员别列戈沃伊驾驶在轨道上飞行了4个昼夜，然后平安返回地球。在这次飞行中，别列戈沃伊取得的最大成绩是在空间轨道，试图和一架无人驾驶的“联盟2号”飞船对接。别列戈沃伊让他的飞船和“联盟2号”自动接近到相距200米处，然后改用手动操纵系统，使两个飞船靠近到仅数米的距离。

1969年1月弗拉基米尔·沙塔洛夫驾驶的“联盟4号”飞船同“联盟5号”飞船实行了接近和对接。“联盟5号”上的宇航员阿列克谢·叶利谢耶夫和叶夫根尼·赫鲁诺夫穿上太空服进入了“联盟4号”。前苏联人把对接后的组合飞船称为“世界上第一个宇宙空间站”。

1969年10月11日、12日、13日，前苏联接连3天发射了“联盟6号”、“联盟7号”和“联盟8号”三艘飞船，在轨道上进行了广泛的科学考察，其中包括在真空和失重情况下进行金属焊接的操作试验。此外，这三艘飞船还实行了协调动作的编队飞行。这三艘飞船的发射倾角是一样的，表明它们是从同一个地点接连3天发射的，这在当时，是在空间技术方面的一个重大突破。

1971年6月6日莫斯科时间7点55分，前苏联又发射了“联盟11号”宇宙

飞船，并在轨道上与“礼炮1号”对接成功。第二天，“联盟11号”飞船上的3名宇航员于莫斯科时间10点45分进入“礼炮号”太空站的舱室，使之成为世界上第一个有人居住的太空站。美国1973年5月发射的第一个太空站虽然比“礼炮1号”要大得多，但它毕竟晚了两年。

“礼炮—联盟”总重25吨以上，太阳能电池和化学电池供给它充足的电能。在密封舱里的宇航员共在太空站里度过了23个昼夜，进行了天文观测、生物医学试验、远距离摄影等科学考察和实验活动。

6月29日，“礼炮—联盟”的一切工作依然严格按程序进行。他们在和地面飞行控制中心的无线电通信中，报告了他们的考察情况，并说“全体宇航员自我感觉良好”。在接到返回地面的着陆指令后，“联盟11号”和太空站顺利脱开，单独飞行。此时飞船上的所有系统仍然一切正常。1971年6月30日凌晨1点35分，“联盟11号”飞船的制动发动机开始工作，然而当它工作结束后，地面控制中心与宇航员的联系突然中断了。当“联盟11号”飞船返回地面后，人们打开舱盖后简直大吃一惊：3名宇航员都安详地死在自己的座位上，死前却一点预兆都没有。

对此次事故前苏联方面的官方解释是：座舱密封出了问题，气压突然下降，宇航员因缺氧，人体内血压致命地升高，血液突然冲入大脑，引起血栓而死亡。

## 航天飞机的诞生

20世纪80年代初期投入使用的航天飞机，是现代卫星和载人飞船技术、运载火箭技术、航空技术综合发展的产物，这种飞行器的设想由来已久。早在20世纪初就有人提出过用火箭发动机做动力装置的飞机。第二次世界大战前夕，由于军事上的需要，法西斯德国曾将这一设想付诸实施，并于1941年研制成了ME－163型火箭飞机，时速可达1000千米。

第二次世界大战后，设计和研制可重复使用的火箭飞机的活动十分活跃，各国科学家和工程技术人员为了把火箭技术和航空技术结合起来，不仅进行了各种技术途径的探索和研究，而且还做了大量的设计和研制实验。

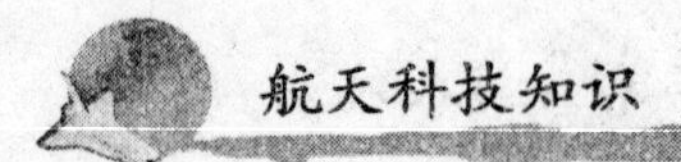


美国贝尔公司设计的X－15型火箭飞机曾进行过近200次的飞行试验，最大时速达到7300千米，最大高度为106千米，远远超出了大气层的范围。这些研究工作，对于探索可重复使用的空间运输系统的技术途径，都做出了有益的贡献，甚至可以说，X－15型火箭飞机就是航天飞机的雏形。

20世纪60年代美国研制的“阿波罗”宇宙飞船等航天器所进行的载人太空飞行，以及轨道对接、宇航员舱外活动等一系列载人轨道飞行基本技术的掌握，为发展大型的载人空间运输系统创造了条件，提供了雄厚的技术基础。

耗资巨大的“阿波罗”登月计划结束后，美国将大量的人力、物力、财力转移到新型空间运输系统的研制工作上来。1972年，美国总统尼克松批准了预计耗资55亿美元的航天飞机研制计划。

美国的航天飞机制造历时10年，实际耗资100亿美元。1981年4月12日上午6时，美国的第一架“哥伦比亚号”航天飞机在肯尼迪航天中心首次发射成功。航天飞机上载有两名宇航员。

航天飞机是一个庞大、沉重和复杂的系统，它有与以往航天飞行器不同的特征。首先，航天飞机能像火箭一样垂直发射；其次它能够像普通航天器那样在空中做机动和变更轨道的飞行；另外航天飞机能像普通飞机一样在机场滑跑着陆，经过维护修理后可再次使用，重复使用次数可达100次以上。

由于航天飞机的发射阶段和再次进入大气阶段速度低，过载较小，未经严格训练的人也能上天活动。所以航天飞机被认为是航天技术新阶段的标志。美国宇航局甚至宣称，运载火箭将逐步为航天飞机所取代。

航天飞机要比卫星大得多，复杂得多，要把这样一个航天系统发射到环绕地球的轨道，在轨道上完成预定的任务，然后再安全返回地面，这的确不是一件简单的事情，它需要解决一系列的关键性技术问题，如速度和推力、精确的控制导引系统、适当的空气动力外形和再入大气层的有效防热措施等。

航天飞机由助推级、轨道级、外接推进剂箱三部分组成。助推级是平行安装的两台固体火箭发动机。轨道级是航天飞机的心脏，它可以载运重达30吨的负荷。它很像一架大型的三角翼飞机，中部是一个很大的负荷舱。

轨道级的前端是宇航员的座舱，座舱是高度密封的，内有宇航员生活所需要

的空气，舱内还有空气调节设备，使舱内的空气条件与地面上的大气基本一致，温度和湿度也保持适宜。座舱顶部是飞行甲板，这里是控制中心。

航天飞机的座舱与喷气式客机的座舱相似，有舒适的座位，并有两套控制系统，能够使两人中的任何一人，在必要时单独负责飞行的一切工作。座舱的底甲板是机务人员工作的地方。另外座舱内还有厨房、进餐间、储藏室、卫生设备，还有密封舱，用来供宇航员到附近的外部空间进行活动。

轨道级的外部是一层独特的隔热系统，可以防止在发射和重返时与大气摩擦积热使舱内温度升得过高。在它进入大气层时和大气摩擦产生的热量，可使表面温度达到几千度，而由于隔热层的存在，可保持舱内温度不发生剧烈变化。

航天飞机的推进级和轨道级都可以回收，只有盛推进剂的外接推进剂贮箱不可以回收。

航天飞机的主要用途是用来接送空间实验室工作人员和物资。除此之外还可以发放卫星，或把装配空间站的构件运上太空，还可以对其他航天器进行维修，也可以用来作为发射星际探测器的中继站。

1981 年 4 月 12 日上午 6 时，美国宇航局在佛罗里达州的肯尼迪航天中心发射了第一架航天飞机——“哥伦比亚号”，揭开了人类宇宙航行的新篇章。

“哥伦比亚号”是在 1977 年研制成的“企业号”航天飞机的基础上改进而来。“企业号”属于航天飞机的试验阶段，它没有推进级，实验时利用波音 747 客机将它“背”上天空，达到一定高度和速度以后再将它放出，“企业号”脱离母机以后，在驾驶员的操纵下，自由飞行，并完成了一系列飞行动作，然后像普通飞机一样安全降落在机场跑道上。

“企业号”的飞行实验证明了航天飞机重返大气层在机场着陆是完全可靠的。但是由于财政困难及其他原因，发射“企业号”航天飞机的计划被迫中止。虽然“企业号”没能升上太空，却成了通向太空的铺路石，航天飞机首航天外的日子已经为期不远了。

“企业号”没有完成的任务，是由“哥伦比亚号”来完成的。发射当天有百万观众赶到发射基地，去观看“哥伦比亚号”的首航。4 月 12 日 7 时整，“哥伦比亚号”像火箭一样竖直起飞，冲出大气层，进入了预定的环绕地球的圆行轨道，像飞船一样在轨道上进行无动力飞行。宇航员检查、试验，各项功能正常。

“哥伦比亚号”在飞行36圈，历时54小时30分后开始返航。宇航员开启动力装置，它开始脱离圆形轨道进入大气层，此时它的时速是8200千米，飞机头部因与大气高速摩擦，外表温度已经上升到1600摄氏度。

美国爱德华空军基地派出了4架歼击机，在12000米的高空排成方阵，给这位“天外来客”导航。“哥伦比亚号”平稳地降落在爱德华空军基地的跑道上。当两位宇航员神采奕奕地走下飞机时，几十万狂热的观众不停地向他们欢呼，欢庆“哥伦比亚号”首航成功。

1981年11月至1982年6月，“哥伦比亚号”航天飞机又进行了三次试航，进行了多项科学研究活动，进一步完善其性能。1982年11月6日，“哥伦比亚号”进行了首次常规业务。

## 航天飞机的“光荣事迹”

虽然世界上有许多国家都陆续进行过航天飞机的开发，但只有美国与前苏联实际成功发射并回收过这种交通工具。但由于前苏联瓦解，相关的设备由哈萨克斯坦接收后，受限于没有足够经费维持运作使得整个太空计划停摆，因此，目前全世界仅有美国的航天飞机机队可以实际使用并执行任务。

从1981~1993年底，美国共有5架航天飞机进行了59次飞行，其中“哥伦比亚号”航天飞机15次，“挑战者号”10次，“发现号”17次，“亚特兰蒂斯号”12次，“奋进号”5次。

每次载宇航员2~8名，飞行时间从2天到14天。在12年中，已有301人次参加航天飞机飞行，其中包括18名女宇航员。

航天飞机的59次飞行中，在太空施放卫星50多颗，载2座空间站到太空轨道，发射了3个宇宙探测器，1个空间望远镜和1个γ射线探测器，进行了卫星空间回收和空间修理，开展了一系列科学实验活动，取得了丰硕的探测实验成果。

美国航天飞机创造了许多航天新纪录。

航天飞机首航指令长约翰·杨6次飞上太空，是世界上参加航天飞行次数最多的宇航员。

1983年6月18日，女宇航员莎丽·赖德乘“挑战者号”上天飞行，名列美国妇女航天的榜首。

1983年8月30日，“挑战者号”把美国第一个黑人宇航员布鲁福德送上太空飞行。

1984年2月3日，乘“挑战者号”上天的麦坎德利斯，成为世界上第一位不系安全带到太空行走的宇航员。

1984年4月6日，“挑战者号”上天后，宇航员首次抓获和修理轨道上的卫星成功。

1984年10月5日，参加“挑战者号”飞行的莎丽文成为美国第一位到太空行走的女宇航员。

1985年1月24日，“发现号”升空，首次执行秘密的军事任务。

1985年4月29日，第一位华裔宇航员王赣骏乘“挑战者号”上天，参加科学实验活动。

1985年11月26日，“亚特兰蒂斯号”载宇航员上天第一次进行搭载空间站试验。

1992年5月7日，“奋进号”首次飞行，宇航员在太空第一次用手工操作抢救回收卫星成功。

1992年9月12日，“奋进号”将第一位黑人女宇航员、第一位日本记者和第一对宇航员夫妇载入太空飞行。

## 航天飞机的两场悲剧

### “挑战者”号航天飞机事故

1986年1月28日，美国东部时间当日上午11时39分12秒，美国佛罗里达州卡纳维拉尔角的肯尼迪航空中心10英里上空，在“轰”的一声巨响之后，“挑战者”号航天飞机凌空爆炸。美国全部航天飞机飞行因而暂停了3年，“星

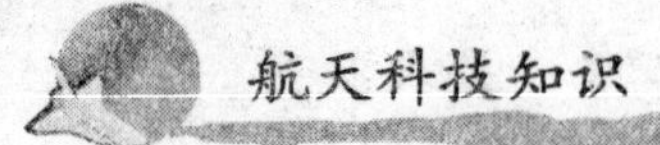


球大战”计划也遭受严重挫折。这是美国“挑战者”号航天飞机第10次发射升空。因助推火箭发生事故凌空爆炸，舱内7名宇航员（包括一名女教师）全部遇难。直接造成经济损失12亿美元，成为人类航天史上最严重的一次载人航天事故，使全世界对征服太空的艰巨性有了一个明确的认识。

让我们永远铭记“挑战者”号上7名为科学事业献身的勇士的英名，他们是：机长弗朗西斯·斯科比，46岁；驾驶员迈克尔·史密斯，40岁；宇航员朱迪丝·雷斯尼克（女），36岁；罗纳德·麦克奈尔，35岁；埃利森·鬼冢，39岁；格里高利·杰维斯，41岁；教师克里斯塔·麦考利芙（女），37岁。

机长弗朗西斯·斯科比（Francis Scobee）曾是美国空军战斗机飞行员，后来成为一名高级飞行器的试验飞行员，一生与危险打交道。他幽默、开朗，成为全机组的核心与灵魂。

驾驶员迈克尔·史密斯（Michael Smith），曾在美国海军服役，担任过战斗机飞行员，多次获得奖章，其中包括海军特级飞行十字勋章和国家敢于战斗银星十字勋章。

宇航员朱迪丝·雷斯尼克（Judith Resnik），在余暇时喜欢弹钢琴，喜欢在音乐中寻找美的享受。朱迪丝喜欢微笑，微笑中充满对事业和生活的信心。

宇航员罗纳德·麦克奈尔（Ronald Mcnair），来自加利福尼亚州的南部，在棉田的劳动中锤炼了他坚毅的性格。他梦想着到外层空间站去生活，在失重的太空中做试验吹奏萨克斯管。

格里高利·杰维斯（Gregory Jarvis）满怀希望参加这次宇航旅行，他随身带着一面小旗子，这是他的母校巴法洛纽约州大学送给他的纪念品，他愿带着这面旗帜去开拓空间的探险。

埃利森·鬼冢（鬼冢承二，Ellison Onizuka）生于夏威夷，祖籍日本。他在孩提时代总爱光着脚板在咖啡地和麦卡达美亚墓地跑来跑去。他早就梦想着有一天去月球旅行。成为飞行员后，他雄心勃勃地准备大展宏图。

克里斯塔·麦考利芙（Christa Mcauliffe）出生于美国波士顿，在新罕布什尔州康科德中学任教。她是一位有名的社会学女教师，已婚，并育有一儿一女。按计划她将在太空通过电视向美国和加拿大250多万中小学生讲授两节太空课，还

将在航天飞机上参加几项科学表演，录像后也要向学生播放，成为世界上第一位“太空教师”。

**“哥伦比亚”号航天飞机事故**

美国当地时间2003年2月1日，载有7名宇航员的美国“哥伦比亚”号航天飞机在结束了为期16天的太空任务之后，返回地球，但在着陆前发生意外，航天飞机解体坠毁。

美国东部时间上午9点（北京时间22：00），也就是在“哥伦比亚”号着陆前16分钟，该机突然从雷达中消失。电视图像显示，解体的“哥伦比亚”号在德州的上空划出了数条白色的轨迹。

“哥伦比亚”号是美国最老的航天飞机，已进行飞行任务28次，原预定美国东岸时间上午9时16分（德州为8时16分），降落在佛罗里达州卡纳维尔角，在降落前约16分钟与太空总署最后一次通信后，即失去联络。机上有7名乘员，其中4人为第一次飞行，包括一名首次参与航天飞机飞行任务的以色列航天员。“哥伦比亚”号是美国现有的四架航天飞机中服役时间最长的。此次的意外事件使人们回想起了1986年1月28日“挑战者”号的失事，当时机上7名宇航员全部罹难。

联邦调查局发言人安吉拉·贝尔表示，目前没有直接证据显示此次事件与恐怖分子有关。“哥伦比亚”号发生意外时的飞行高度为61.874千米，时速为20116千米。

此次在哥伦比亚号上遇难的7名宇航员分别是：里克·赫兹本德、威廉·麦克库尔、麦克尔·安德森、大卫·布朗、凯尔帕娜·乔拉、劳里尔·克拉克以及以色列人伊兰·拉蒙。

根据CCTV10《探索发现》报道，哥伦比亚号失事原因是外挂燃料箱隔热泡沫脱落，尽管这块泡沫仅仅0.77千克，还是在“哥伦比亚”号，左翼防热瓦上砸了个小洞，“哥伦比亚”号带着这个洞在太空飞行了16天后，在降落时与大气层摩擦的巨大热量透过这个洞进入机体，引起爆炸。

“哥伦比亚”号是承载科研项目最多的航天飞机，其中还包括中国学生设计的一个项目——蚕在太空中吐丝结茧。

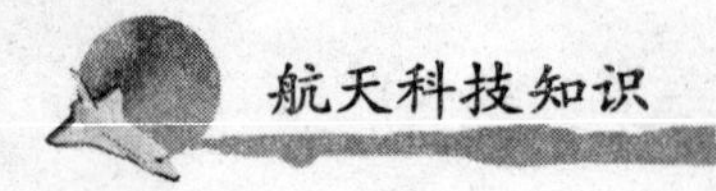


## 宇宙背景探测器

“宇宙起源”是千百年来一直困扰着无数先哲的难题。当代宇宙学已为它贡献了许多理论，而航天专家则能通过观测来验证这些理论。20 世纪 80 年代末发射的“宇宙背景探测器”（COBE）正可担当此任。

COBE 最大的功绩在于，它获得了最新、最精确的微波背景辐射的测量结果：微波背景辐射为 2.726 ± 0.01 开，且有着微乎其微的不均匀性（10/1000000 开）。而最初，人们曾认为任何方向的背景辐射都是相同的。有人将这一结果誉为“宇宙学的一个最重要突破”、“本世纪科学的一项最重要发现”。

原来，大爆炸宇宙学有一个致命弱点，它不能说明背景辐射的高度各向同性和天体大尺度结构不均匀性间的矛盾。而20 世纪 80 年代初发展起来的“暴胀理论”则能克服这一矛盾，它认为，大爆炸后的 $10^{-35}$ 秒，宇宙经历了一次指数式“暴胀”，体积增加了 10 ~ 50 倍。由于暴胀，微波背景将留下微小的不均匀性。而 COBE 的观测结果正好与暴胀理论的预言值相符，这就为暴胀理论提供了依据。此外，COBE 的观测结果还有力地支持了暗物质理论，使天文学家相信，宇宙中尚有 90% 以上的物质我们无法看到，但它们的引力作用却显示了它们的存在。

## 月球车

在月球表面行驶并对月球考察和收集分析样品的专用车辆，叫月球车。月球探测器的着陆舱在月球表面实现降落，目的是要对月球进行研究，既要有人在月球上取样，又要对月球进行考察。因此，月球车就分为无人驾驶月球车和有人驾驶月球车。

无人驾驶月球车由轮式基盘和仪器舱组成，用太阳电池和蓄电池联合供电。月球车根据地球上的遥控指令，在高低不平的月面上行驶。遇到紧急情况，月球

车上有一套特殊装置能避免颠覆。在仪器舱内装有土壤采集分析装置、自动光谱测量仪、辐射剂量仪、照相机、电视摄像机和通信收发设备等，它们都能自动进行工作。

有人驾驶月球车，由宇航员驾驶在月面上行走，主要用于扩大宇航员的活动范围，和减少宇航员的体力消耗，存放和运输由宇航员采集的土壤和岩石标本。它的动力是由蓄电池供应的。

1970 年 11 月 17 日，前苏联把世界上第一个无人驾驶的“月球车”1 号送上月球。1971 年 9 月 30 日，美国“阿波罗”15 号飞船登上月球，2 名宇航员驾驶月球车在月面上行驶了 27 千米和 35 千米。

## “自由号”空间站

近几十年来，全世界共发射了十多个小型空间站。但是它们比之美国发射的“自由号”空间站来，都显得相形见绌。

营造中的“自由号”空间站在世纪之交前夕启用。由于它的轨道在 480 千米高空，又装备有能调节运行轨道高度的动力系统，因而它就排除了在大气中坠毁的可能性，成为名副其实的永久性空间站。而它的 30 ~40 吨的超负载足以容纳 6 ~8 名宇航员每期连续工作半年之久，更是破纪录的创举。

运送这样的庞然大物，当然不能用火箭一次运载的传统方式，而是采用预制构件，在外太空进行组装的建造方案。据称，它只需用航天飞机运送 30 余次，再由 2 个空间机器人安装即可。组装成形的空间站呈扁担状单横桥形桁架，由轻质钛铝合金梁柱拼接而成。它的主体是长 100 余米、宽高均为 10 余米的长腔，两侧连接 4 ~6 个大型实验库、卫星修理车间、储存库等。舱内的宇航员只需穿普通衣服，就可开展各项工作和日常生活，是名副其实的“天堂”。

建成后的“自由号”空间站不仅可以上观天文，下察地理，还可作为宇宙物理、生物、医学等基础学科的实验室，为行星探测服务也是它的一大任务。

## 射电望远镜

一般的天文望远镜，只能观测到其他天体发出的可见光，因此称做光学天文望远镜。它对电波无法接受。

所谓射电望远镜，实际上是用来测量从天空中各个方向发来的射电能量的一种天文仪器。它具有高定向性天线和相应的电子设备。因此有人说，射电望远镜与其称它为望远镜，倒不如说是雷达接收天线。现在世界上最大的射电望远镜，其直径有100米，面积有足球场那么大，真可谓庞然大物。

用一般望远镜只能看到可见光现象，而射电望远镜则可以观测到天体和射电现象。

由于射电望远镜的发明，使天文学有了飞速发展。它揭示了宇宙中许多奇妙现象。例如，通过射电望远镜，人们发现了天鹅座A的射电星系，它每秒钟发出的射电能量要比太阳每秒钟发出的能量强1亿亿倍以上，是迄今发现的最大射电星系，而用光学望远镜对它却是一无所知。此外，用射电望远镜还发现了类星体、脉冲星、星际有机分子和微波背景辐射。可见射电望远镜的作用是很大的。

## 超级天文望远镜

天文学是随着望远镜的发展而发展的。目前，由欧洲8国组成的“南方天文台委员会”正在从事一项跨世纪壮举——兴建望远镜之王。

这架未来的世界望远镜之王将选址南美洲的智利，它坐落在海拔2664米的巴拉那尔山顶。那儿气候条件极佳，空气能见度高，而且没有污染。如此洞天福地正与望远镜的王者身份相配。

整架望远镜采用了最先进的组合镜面形式，4个直径分别为8.2米的反射面可将微弱的星光聚焦于同一点，既减少了单面巨大镜面制造上的困难，又使它的综合集光能力超过了任何可能铸就的单独镜面。其单镜间的配合、温度变化及自重影响造成的镜面畸变校正，都采用了最先进和高速计算机系统，从而实现自动调节，将镜面的各种误差减至最小。

由于这架望远镜有着破纪录的大“眼睛”，又能“高瞻远瞩”，它的聚光能力已是校正视力前哈勃望远镜的50倍，而分辨能力又极高，能在理想条件下拍出月面上1米大小的物体，足以监测宇航员在月球上的一切活动。这架性能卓越的望远镜造价只及哈勃望远镜的十分之一，堪称价廉物美。天学学家们期待它在1998年工程竣工后就能给天文学带来一系列突破性的发现。

## 太空天文望远镜

在地球上用天文望远镜观测天体不是很方便吗，为什么还要把天文望远镜送入太空呢?

从事天体观测的人都知道，通过地面望远镜可以看到许多天体。为了发现更多新的天体以及天文现象，望远镜的口径几乎年年在扩大，可是仍然不能满足需要。这是因为许多天体不仅发出可见光，而且还有其他波段的辐射，如，射电辐射、红外辐射、紫外光辐射、x射线辐射以及伽马射线辐射。不同天体有不同的辐射特征。

我们的地球有一个大气层，给天文观测带来许多不便。地球的大气层能吸收来自其他天体的各种波段的辐射，有些完全被它吸收。只有可见光、射电波和一小部分红光才能抵达地面，被望远镜探测到。即使是可见光，也因为大气的折射、抖动，造成望远镜分辨率低和使观测精度受到影响。因此，大气层对天文观测来说，是一大障碍。

把天文望远镜送入太空，就可以克服地面天文观测所遇到的种种困难。1990年4月，美国用航天飞机把一个口径为2.4米的光学望远镜送入太空，这就是哈勃望远镜。为了更好地观测天体，科学家还发射了不同的星际飞船。在这些飞船上除安装了望远镜外，还安装了其他探测器，对天体进行详细的观测，为我们记录了大量的科学数据。

## “伽利略”号飞船

20 世纪 70 年代发射的“先驱者”号和“旅行者”号飞船，使人类对木星的认识发生了一次飞跃：木星的强烈辐射和巨大磁场、频频的闪电和 3 万千米长的极光、形如太阳系般的众多卫星（尤其是有活火山的木卫一）、宽大而暗黑的光环等。

然而那毕竟是一些“路过”的访问，距离较远而又行色匆匆；图像的清晰度较差，数据也欠全面，致使许多木星的奥秘尚未被揭开。因此，为了对木星进行新一轮的考察，美国宇航局于 1989 年 10 月 18 日，通过“阿特兰蒂斯”号航天飞机发射了专门的探测器——“伽利略”号行星际飞船，它是迄今已发射的最复杂最先进的探测器。

“伽利略”号由探测器和轨道飞行器两部分组成。前者的主要任务是实地考察木星的大气和云层。在它“深入虎穴”的 60 分钟里，将先后测量木星大气层的温度、压力和大气构成，并穿越木星大气中的氨冰云、氢硫铵云和水冰云层，直至被深层大气的巨大压力压扁而殉职。

轨道飞行器中的自转部分主要研究木星的磁层，而非自转部分则同时考察木星和伽利略卫星。为此，在它预定的绕木星 11 圈的过程中，每转一圈都要与一颗伽利略卫星作近距离交会，最近时只有几十千米，可辨明 30 ~ 50 米大小的表面细节。

## “卡西尼”号飞船

“卡西尼”飞船以研究土星环缝并发现 4 颗土卫的意大利天文学家卡西尼命名，自然与土星的研究有关。它由美国宇航局与欧洲空间局联合研制。由于赴土星路程遥远，不能一蹴而就。“卡西尼”于 2002 年 2 月越过木星时接受额外引力的支援，于 2002 年 12 月抵达土星，开始它长达 4 年、绕土星 36 周的神圣旅行。作为“见面礼”，在“卡西尼”与土星相遇之初，就放出

"惠更斯"探测器。

"卡西尼"飞船的主要任务是勘测土星的大气磁场、环增多系统及冰质卫星等。为此，它在前3年将较多地在土星的赤道平面内飞行，在与诸卫星约30次的交往中，足以对冰质卫星进行近距离考察。为了探测土星高纬度的磁层及环系统。"卡西尼"将逐步改变它的轨道倾角。在最后1年，它的轨道面与土星赤道面的倾角已是85度，足以鸟瞰土星形如密纹唱片的环带全貌。

高潮或许在对土卫六的探测。除"卡西尼"本身携带的仪器可考察土卫六的大气（尤其是寻找复杂的有机分子）、绘制土卫六的地形图外，"惠更斯"将穿过土卫六云层，最终降落于其表面。它可进一步研究土卫六的大气，更可着陆勘查，为人类提供有关土卫六宝贵的表面组成资料。这颗神秘的卫星终将揭开土卫六神奇的面纱。

## 氢冰飞船

对于氢和宇宙航行间的关系，大概你只想到一点：液氢可以作为高效的燃料。可是别出心裁的航天科学家竟提出了用氢冰制作飞船，并宣称它有3大优点：一是重量轻。这是不言而喻的，世上没有比它的密度更小的物质了。二是造价低。因为氢是宇宙间最丰富的物质，目前的制造成本为每千克22美元，堪称价廉。三是燃烧效率高。因为用氢冰制成的非主要部分都可转变成燃料而"烧掉"，这就大大提高了飞船的有效载荷。科学家们从来不喜欢纸上谈兵，他们提出了具体的施工方案：在低温下先将氢加工成类似奶油的黏稠状，然后加入纤维使其固化。再用绝缘金属薄片将氢冰团一层层隔开，做成洋葱状。最后利用小型助推火箭，就可将这些氢冰原材料送入地球周围的轨道，它们足可以保存24年，供人们组装成既是船体又是燃料的氢冰飞船。有人甚至建议，利用这种装备，足可以做一次载人的火星之行。乐观者推测，这种飞船在今后30年内当可投入使用。由于氢的熔点是-259摄氏度，对于极低温度下的深空飞行，氢冰飞船正可一展它独特的雄姿。

## 载人飞船救生塔

在载人飞船顶端设有救生塔，这是为了救生而用。如果载人飞船采用低温推进剂运载火箭发射，在发射初始阶段发生紧急情况，必须采取分离座舱救生方式，使宇航员座舱飞离危险区，再借助回收系统返回地面而使宇航员获救。

救生塔实质上就是逃逸装置。它的使用范围仅限运载火箭起飞阶段和飞行初始阶段。当运载火箭达到一定高度，飞船和其他动力装置已能提供逃逸动力时，就会把救生塔抛弃。因为，这时的救生塔成了多余的，它会消耗运载火箭的能量，有利装置成了有害装置。在应急救生的情况下，返回舱逃逸后也必须将救生塔抛弃，使回收系统能开伞工作。

在“阿波罗”号飞船上就装有救生塔，目的是保护飞向月球的宇航员们的生命安全。

救生塔与返回舱并非简单地叠加在一起，而是有机地联合组成发射逃逸飞行器，它具有一定的气动特性和必要的飞行弹道。在飞行过程中，逃逸飞行器还完成一定的角运动，并稳定地采取有利姿态，确保回收系统顺利展开。“阿波罗”号飞船救生塔还装有前翼，使逃逸飞行器能够调头，同时又能使返回舱姿态稳定地飞行，直至救生塔分离。

1983 年 9 月 27 日，前苏联发射的“联盟”T－10 号飞船发射失败。运载火箭第一级点火后爆炸，但在千钧一发之际，救生塔将飞船拖离危险区，使 2 名宇航员获救。

## 航天器的空间对接

要使 2 个或 2 个以上航天器在轨道上预定位置和时间相会，并在结构上连接起来，这个过程称为对接。

航天器在空间飞行的速度是很快的，要使它们交会并对接，当然不是件容易的事。好在这一切都可通过航天器轨道控制和航天器姿态控制加以实现，其过程主要通过航天器控制系统完成。

1965 年 12 月 15 日，实现了“双子星座”7 号和“双子星座”6 号在空间交会，当时它们在同一轨道上运行，又是同一速度，两个航天器仅相隔 10 厘米，这是世界上第一次实现航天器空间交会。1968 年 10 月 26 日，前苏联“联盟”2 号和“联盟”3 号又成功地实现了空间轨道自动交会。这为实现对接积累了经验。

对接是通过专门装置使航天器与对接目标互相接触，并由对接机构把两者连接成为一个整体。对接通常都是在宇航员的指挥和操纵下进行的。例如，“双子星座”号飞船和“阿金纳”号火箭的对接过程，就是这样完成的：当两者相距仅 300 米左右，相对速度为 1.5 ~ 3 米/秒时，宇航员通过手控调整飞船完成对接，随后“阿金纳”号火箭和对接环与飞船的小头紧密配合，连成一个整体。

## 航天器的返回

从地面发射航天器，在完成科学考察任务之后，为什么能返回地面?

航天器返回地面就是使航天器脱离原来的运行轨道，进入地球大气层并在地面安全着落。

早在 20 世纪 40 年代末，美国和前苏联就竞相利用 V－2 导弹改装成地球物理探测火箭，将科学探测仪器和试验生物等发射到 100 千米以上的高空，然后回收到地面。人造卫星发射之后，科学家便着手研究卫星返回技术问题。1960 年和 1961 年初，美国的“发现者号”卫星和前苏联的卫星式飞船先后成功地返回地面。这表明从环地轨道返回的技术基本成熟。“阿波罗”号飞船首次载 3 名宇航员飞向月球，在绕月球飞行后安全返回地面。

中国是世界上第三个掌握卫星返回技术的国家。1975 年 11 月 26 日，我国第一颗返回型遥感卫星发射成功，在轨道上运行 3 天后，按预定计划顺利地返回地面。此后的 1976 年、1978 年、1982 年、1983 年和 1984 年，我国又多次成功地发射了返回型遥感卫星。

卫星返回地面的原理是改变其运动速度，使卫星脱离原来的运行轨道，转入另一条轨道。若速度的变化使航天器转入一条飞向地球并能进入大气层的轨道，便可实现返回。

返回技术，是一项综合性技术。为使航天器安全返回和准时定点着陆，返回控制、制导、防热、回收和着陆等是返回的关键技术。

## 航天器返回技术

经过几代人的共同努力，人类终于实现了飞天的梦想。然而“上天”不易，“下凡”更难，航天器返回同样不是一件容易的事情。返回型航天器在空间完成预定的飞行任务后，需将航天员、胶片、生物试样等送回地面。航天器返回是整个航天活动的最后阶段，也是确定整个航天飞行活动成败的关键。因此，必须掌握好航天器的返回技术，才能确保航天员和航天器安全着陆。

简单地说，航天器返回技术就是使航天器脱离原来的运行轨道进入地球大气层，并在地面安全着陆的技术。包括轨道衰减法返回技术和直接再入返回技术。返回技术是一项复杂的综合性技术。为使航天器安全返回并着陆，必须要掌握三项关键技术：返回控制和制导技术、再入防热技术、回收和着陆技术。从这个角度讲，航天器返回技术的实质就是对航天器所具有的巨大能量——动能和位能的处置。

返回控制和制导技术。航天器进行弹道式再入时返回轨道由离轨条件决定，中途无法修正，因此，返回控制主要是制动方向的控制和反推火箭点火时间的控制。制动方向直接决定再入角大小，直接决定航天器再入大气层的角度，反推火箭点火时间会影响返回舱的落点位置，从而影响再入制动过载和气动加热。制动方向是由航天器姿态控制系统控制的，反推火箭点火时间直接影响返回舱的落点位置。反推火箭点火由地面测控站直接遥控，或按预先注入的程序直接控制。

对于载人飞船，航天员的手动控制可作为返回控制的预备或主要的控制方式。航天器做升力再入，除离轨控制外还需要在大气层飞行中控制升力。半弹道式再入航天器通过重心偏置以一定配平攻角飞行而产生升力，又通过滚动控制改变升力方向，从而具有一定机动能力。航天飞机再入大气层后，靠姿态控制系统控制俯仰和滚动产生升力并改变升力方向，因而有较强的机动能力，能在几千米

里范围内做机动飞行，选择最佳的再入路线。而航天飞机是靠姿态控制系统控制航天飞机进入大气层的状态。在航天飞机下降到25千米高度以下时，姿态控制系统完全停止工作，改用气动控制的方法，继续控制高度、速度、飞行路线、航向、侧向距离等参数，使航天飞机在预定场地水平着陆。

航天器从月球返回，除离轨控制外，在返航途中须进行几次轨道修正，以便穿入走廊，继而靠升力控制沿滑翔式轨道或跳跃式轨道返回。

再入防热技术。在飞船再入过程中，为了防止有效载荷舱或乘员座舱过热，再入航天器备有再入防热系统。根据再入环境的不同，弹道式、半弹道式再入航天器采用以烧蚀防热为主的防热系统；航天飞机则采用以辐射防热为主的防热系统。由于防热系统的重量会影响再入航天器的性能，因此，研制效率高、重量轻、能多次重复使用的再入防热系统，是返回技术的一大关键。

回收和着陆技术。弹道式、半弹道式再入航天器须由回收系统使其进一步减速，最后乘降落伞垂直着陆或溅落。航天飞机则是在自动着陆系统的控制下完成着陆动作。

航天器的发射入轨是由运载火箭将其从静止状态逐渐加速到宇宙速度并送入运行轨道的。而航天器从天上返回地面则是一个减速过程。它靠定时启动制动火箭并在地球大气层阻力帮助下将速度逐步降低，在各个看似简单的过程中，其实大有学问。

第一，要调整好航天器返回姿态。即要在运行轨道上由制动火箭使航天器精确地转变成返回姿态，使飞行方向与地平线成预定的再入角。如果返回的姿态不对，航天器不仅不能返回，而且有可能被抛到更高的轨道。

第二，要控制好制动火箭启动时机。控制系统启动制动火箭的时机必须严格掌握。执行返回程序的一切设备都必须精确无误地工作。

第三，承受极大的过载冲击。航天器离开原来的运行轨道后，在重力作用下沿着过渡轨道自由下落到距地面约100千米的高度开始进入大气层。这当中航天器要承受很大的过载冲击。

第四，承受极高的温度考验。航天器在进入大气层后会产生很大过载；迅速减速的过载冲击，会使航天器产生强烈的振动。航天器在稠密大气层中穿行，使

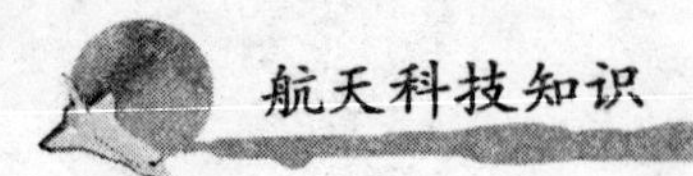


周围空气受到剧烈的摩擦和压缩，温度升高为几千摄氏度。这些要求航天器结构和仪器设备必须具有很高的强度和严格的防热系统，才不致化为灰烬。

第五，着陆阶段，在1.5万米以下的高度，航天器仍然有数百米/秒的速度。降落伞等安全回收设备必须绝对可靠，否则航天器会被撞得粉碎。

航天器的返回是各种高新技术的综合运用，必须极其精确完美。航天器返回技术在国民经济和军事领域的应用前景非常可观。无论是照相侦察卫星、载人飞船、生物实验卫星，还是其他科学试验卫星等，都需要整体或部分返回地面。这也正是航天大国在卫星上天后便着手研究和解决航天器返回技术的原因所在。

## 生命保障系统

人类进行航天活动，最终都得乘坐载人航天器进入太空。在航天器内为了使宇航员一切正常，必须有生命保障系统。维持载人航天器密闭舱内的大气环境，保障宇航员的生命安全，进行正常的生活和工作，这就是生命保障系统的目的。

生命保障系统一般分为固定式和便携式2种。装在座舱内并有调温、调湿、调压、供氧、供食、大气净化等设施的为固定式，供宇航员在舱内生活和工作使用。当然，宇航员不能一直待在舱内，为了研究和工作，有时要到舱外去，这时则需使用便携式的生命保障系统。

需要说明的是，载人航天器生命保障系统是在飞机环境控制系统的基础上发展起来的，它更先进、更完善。它除包括压力、温度、湿度、供氧和空气分配等控制系统外，还设有宇航员系统，即宇航员的饮食、休息、睡眠、排泄等日常生活保障系统。由于飞机舱内和航天器的舱外环境不同，所以环境控制系统也不相向。

自从1961年宇航员尤·爱·加加林进入太空以后，宇航员在太空里待的时间越来越长，航天任务也越来越多。这样，生命保障系统也日趋复杂和可靠。

## “尤里希斯”号探测器

由于太阳与地球的自转轴只有十几度的夹角，因此，它们俩几乎是“面对面”地站立着，这就使地球上的观测者无法看清太阳的“头顶和脚跟”——它的两极。为了弥补这一缺憾，欧美宇航机构联手于20世纪90年代初，通过“发现者号”航天飞机发射了一颗专门的探测器——“尤里希斯”号。

“尤里希斯”号的首要考察任务是详细研究太阳风。太阳风是由太阳发出的以质子、电子为主的高速粒子流，其最大速度高达700千米/秒。现已查明，太阳风的风源在冕洞，而大部分冕洞又分布在太阳极地。有趣的是，太阳黑子极盛时，太阳风减弱，冕洞甚至消失。太阳黑子极小时，又做相反的变化。当“尤里希斯”号飞越太阳极地时，正值太阳黑子的极小期，因而可能遇到最大的冕洞和最强劲的太阳风。

此外，“尤里希斯”号还可精确测定太阳两极的磁场强度和方向，这对了解太阳高能粒子的分布、太阳和银河系的起源都有帮助。宇宙射线可能是从太阳两极方向进入太阳系的，“尤里希斯”号的考察有助于查明它的来龙去脉。而捕捉引力波也是这艘太阳极地飞船的又一使命。

## “旅行者”号探测器

“旅行者”2号和1号探测器的发射，开始了人类历史上人造飞行器最为漫长的星际旅行。如今，这两艘飞船早已飞越海王星，并向着太阳系的边际奔驶而去。

两位“旅行者”身负重任，除完成了太阳系几大行星的近距探测任务外，还将寻觅可能存在的第9大行星、确认太阳系的边界；探索引力波；考察地外文明。由于它们都采用了能连续供电数十年的核电源，所以预计到2015年前，“旅行者”2号还能够发来微弱的信号。为了听取它们的“汇报”，美国宇航局设有30人的专门机构日夜监测。

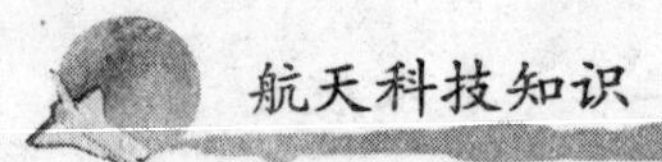


“旅行者”号中止与地球的联系之后，仍会在茫茫银河系中继续它们的旅程。预计在公元4200年，它们将飞抵罗斯248号星；到公元29600年，临近宇宙中的第一亮星——天狼星。到那时，它们已经离地球8.6光年之遥。假如它们在日后的漫漫旅程中没有受到什么意外袭击，就可在宇宙中生存10亿年。

由于这两艘“旅行者”号上都携有一张特制的镀金铜唱片，唱片的一面录有90分钟的“地球之音”，那是60种不同语言的问候语；另一面为115幅反映地球人类文明的照片。科学家们希望有朝一日，这张唱片能在他乡遇知音。倘能这样，这两位长途跋涉的“旅行者”也就可以自慰不虚此行了。

## “金星”号探测器

200多年前，俄国科学家罗蒙诺索夫观测金星凌日，发现这颗离地球最近的行星也有个大气层。于是人们称金星是地球的姐妹星，还想象它的云层下生活着聪明的“金星人”。

1956年，科学家用射电望远镜探测金星，测出它的云层温度在300摄氏度以上。“如果金星这么热，金星人怎么生存呢?”于是又有人提出一种美好的幻想：大概金星的上层大气炎热，地面却很凉爽。

在20世纪60年代，一位年轻的美国天文学家卡尔·萨根写了20多篇论文，坚持金星表面平均温度在430摄氏度左右，大气压力超过地球海平面大气压力的50倍。有位著名学者却不以为然，愿意冒“赢一赔十”的风险同萨根打赌，他认为金星表面大气压力不超过10个大气压。

1967年，前苏联的“金星”4号探测器准备在这颗行星上软着陆，可是在离地面25千米的高空就停止发回信号。有人猜测，这个探测器正好撞上金星上最高山峰。然而2年后，飞往金星的5号、6号探测器也在半空中变成了“哑巴”。这时科学家才相信，这些探测器都是被金星上的高温、高压摧毁的。后来发射的“金星”探测器改进了设计，并且考虑了金星大气层的大气非常稠密，探测器在50千米的高空就扔掉了降落伞，以7米/秒的速度软着陆，均获成功。这个速度接近于地球上跳伞的下降速度。“金星”10号探测器测定的金星表面温度近500

摄氏度，大气压力为地球表面的100倍。卡尔·萨根因此为10美元赌注赢得了100美元。

## “海盗”号探测器

“海盗”号探测器是美国在1975年8月20日和9月9日分别发射的两颗卫星，分别为1号和2号。

“海盗”号探测器升空的目的是去探测火星上是否有生命，同时勘测火星的地貌，研究火星的大气和地震活动，借以研究地球与太阳系是如何演化的。“海盗”号探测器由2～3吨的轨道舱和1.1吨的着陆舱组成。前者装有能源、通信、计算机、指令、飞行数据、姿态控制和温度控制系统，而后者则装有能源、制动、制导与控制、通信等系统。

当探测器进入火星上空时，两个舱分开，轨道舱绕火星飞行，而着陆舱则在火星表面实现软着陆。着陆舱着陆后，展开s波段抛物面天线，直接与地球通信。从舱内弹出的火星土样挖掘机和气象感测器可工作90天。前10天进行寻找生物实验，然后进行3次取样化验，每隔20分钟向地球发回图像和数据。

“海盗”1号着陆舱在1976年7月20日实现软着陆，“海盗”2号着陆舱在1976年9月4日实现软着陆。它们都按原定计划进行工作。它们的探测表明，火星上没有任何生命存在，连有机分子也未发现。

## 能发射和回收卫星的航天飞机

航天飞机有很多用途，其中发射和回收卫星，是它的重要使命。

太空中有成百上千颗人造卫星，时刻在为人类服务。但要把卫星送入太空，不是一件容易的事情，通常是采用多级运载火箭来发射。制造一枚运载火箭，从试验研究、设计制造到装配发射，不但要花很长的时间，还要耗费大量的人力、物力和财力。一枚大型运载火箭，价值都在几千万美元以上。不过最为遗憾的是，运载火箭只是一种一次性使用的工具。一旦把卫星送入轨道后，它自身的一部分会变成“太空垃圾”长留太空，其余部分则坠入大气层化为灰烬。要发射一颗卫星，就要制造一枚火箭，有时为保险，还要制造备用火箭。这需要多大的代价呀！因此，就是一些富有的航天大国也不堪负担，时时去寻找新的出路。

航天飞机的出现，为卫星发射新辟了路径。因为它运行在近地185～1100千米的轨道上，那里几乎没有重力，因而施放卫星只需要比地面上小得多的推力就行了。加上航天飞机有高达30吨的运载能力，完全可以把各种大小的卫星先装入机舱，再带到太空中去发射。这就好比把地面的卫星发射场，搬到了太空中的航天飞机上。卫星从航天飞机弹射出来后，再让卫星上的发动机点火工作，将卫星送入预定的位置。

科学家曾算过一笔账，由于航天飞机可以多次重复使用，用航天飞机发射卫星的费用，还不到用火箭发射的一半，你看这多划算。

同样的道理，航天飞机也可以在低地球轨道捕捉和修理失效的卫星。太空中那些昂贵的卫星，有时也会突然损坏，或未能进入预定轨道，或因“服役”期满而停止工作。那些因某个零部件损坏而“短命”的卫星，如让其在太空中“流浪”，真是极大的浪费。此时，航天飞机利用机动飞行，去接近卫星，实行“上门服务”，就地“诊断修理”。有些卫星实在无法修理，就带回地面“住院治疗”。这些“绝活”，绝非是运载火箭所能干得了的。

1984年，“挑战者号”航天飞机在太空中，首次修理好了“太阳峰年号”太阳观测卫星，开了航天飞机修理卫星的先河。1993年和1997年，又有航天飞机两次在太空中修理哈勃望远镜，使它更加“眼明心亮”。1984年，航天飞机从太空中回收下来的美国“西联星6号”通信卫星，它因末级发动机故障未能入轨，在太空中“流浪”了大半年。

航天飞机用来发射和回收卫星，开创了航天器应用的一个新时代。

## 为什么说航天飞机是航空航天混血儿

航天飞机集火箭、卫星和飞机的技术特点于一身，是一种能垂直起飞、水平降落的载人航天器。它以火箭发动机为动力发射到太空，能在轨道上运行，且可以往返于地球表面和近地轨道之间，可部分重复使用的航天器。

它的结构主要由三大部分组成。①轨道飞行器：包括三副引擎火箭、驾驶员舱、乘务员舱和载货舱。②用作提供推进的外贮箱。③火箭助推器：共有两枚，使用固体燃料。固体燃料助推火箭共两枚，发射时它们与轨道器的三台主发动机同时点火，当航天飞机上升到50千米高空时，两枚助推火箭停止工作并与轨道器分离，回收后经过修理可重复使用20次。外储箱是个巨大壳体、内装供轨道器主发动机用的推进剂，在航天飞机进入地球轨道之前主发动机熄火，外储箱与轨道器分离，进入大气层烧毁，外储箱是航天飞机组件中唯一不能回收的部分。航天飞机的轨道器是载人的部分，有宽大的机舱，并根据航天任务的需要分成若干个“房间”。有一个大的货舱，可容纳大型设备。轨道器中可乘载3名职业航天员（如指令长或机长、驾驶员、任务专家等）和4名其他乘员（非职业航天员）。其舱内大气为氮氧混合气体。航天飞机在太空轨道完成飞行任务后，轨道器下降返航，像一架滑翔机那样在预定跑道上水平着陆。轨道器可重复使用100次。

航天飞机是一种为穿越大气层和太空的界线（高度100千米的卡门线）而设计的火箭动力飞机。它是一种有翼、可重复使用的航天器，由辅助的运载火箭发射脱离大气层，作为往返于地球与外层空间的交通工具，航天飞机结合了飞机与航天器的性质，像有翅膀的太空船，外形像飞机。航天飞机的翼在回到地球时提供空气煞车作用，以及在降跑道时提供升力。航天飞机升入太空时跟其他单次使用的载具一样，是用火箭动力垂直升入。因为机翼的关系，航天飞机的荷载比例较低。设计者希望以重复使用性来弥补这个缺点。

航天飞机的主要用处是空间运输、卫星服务，它可以靠近其他航天器，为其输送物品及修理等服务项目。还可以进行星际观测，军事、地理观察及拍照。由于其本身体积较大（高20多米，长50多米），也可以作为大型空间建筑。航天飞机起飞时可以像火箭那样垂直发射，在运行过程中，为了减轻负担，可以把工作完毕后的固体燃料火箭助推器和推进外贮箱抛掉。航天飞机的主要机械在返回地面后经过整修还可以继续使用。

航天飞机除可在天地间运载人员和货物之外，凭着它本身的容积大、可多人

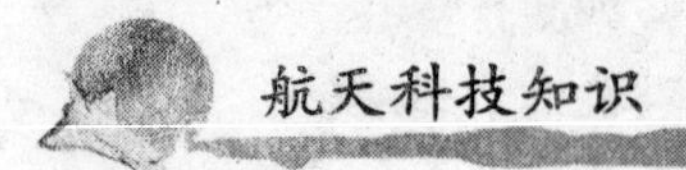


乘载和有效载荷量大的特点，还能在太空进行大量的科学实验和空间研究工作。它可以把人造卫星从地面带到太空去释放，或把在太空失效的或毁坏的无人航天器，如低轨道卫星等人造天体修好，再投入使用，甚至可以把欧洲空间局研制的“空间实验室”装进舱内，进行各项科研工作。

1969 年 4 月，美国宇航局提出建造一种可重复使用的航天运载工具的计划。1972 年 1 月，美国正式把研制航天飞机空间运输系统列入计划，确定了航天飞机的设计方案，即由可回收重复使用的固体火箭助推器、不回收的两个外挂燃料贮箱和可多次使用的轨道器三个部分组成。经过 5 年时间，1977 年 2 月研制出一架“创业号”航天飞机轨道器，由波音 747 飞机驮着进行了机载试验。1977 年 6 月 18 日，首次载人用飞机背上天空试飞，参加试飞的是宇航员海斯和富勒顿两人。8 月 12 日，载人在飞机上飞行试验圆满完成。又经过 4 年，第一架载人航天飞机终于出现在太空舞台，这是航天技术发展史上的又一个里程碑。

## 航天器在太空中的对接

汽车要进站，轮船要进港，航天飞机和宇宙飞船的“港湾”就是空间站。

空间站通常建在近地轨道上。1971 ~1982 年，前苏联向太空发射了 7 座名为“礼炮号”的空间站；1973 年，美国发射了一座名为“天空实验室”的空间站；1986 年，前苏联又发射了“和平号”空间站。目前，美国、俄罗斯、日本、加拿大、巴西和欧洲空间局的 11 个成员国，正共同筹建世界航天史上的最大航天工程——国际空间站。

科学家建立这些空间的港湾，其目的是进行生物医学、天体物理、天文观测和建立太空工厂。因此，有许多科学家必须在空间站里工作一段时间，空间站里的设备需要维修，给养需要补充，人员需要更换……这些工作都由航天飞机和宇宙飞船来承担。当它们来到空间站的时候，由于太空的险恶环境，不能像汽车进站和轮船进港一样方便，这就需要进行太空对接。

1995 年 6 月，美国的“阿特兰蒂斯号”航天飞机和俄罗斯的“和平号”空间站在太空首次对接成功。质量为 100 吨的航天飞机和质量为 124 吨的空间站，

在缺乏重力的太空环境下对接，任何失误都可能导致相互碰撞而失败。因此，对接的过程十分缓慢，两者的相对速度大约是 2.5 厘米/秒。对接系统采用了两个圆环构成的双重结构，上层圆环可以缩进，装有 3 个花瓣状的挂接机械；下层是基座，装有 12 组挂钩和插销。

两个庞然大物在太空不断纠正航线，终于衔接在一起，这时机械弹簧锁把它们锁住。90 分钟以后，对接口通道内灌进了加压空气，航天飞机和空间站的舱盖才打开，航天员们终于相会在一起，相互握手，欢呼对接成功。1995 年11 月，“阿特兰蒂斯号”航天飞机第二次与“和平号”空间站对接，为建立国际空间站做准备。

1998 年 12 月 6 日，由美国“奋进号”航天飞机携带上天的“团结舱”——国际空间站的一个部件，与俄罗斯的“曙光舱”实现了对接。这次对接完成了国际空间站的第一期拼装工程，形成了国际空间站的核心。

“曙光舱”和“团结舱”实施对接之后，使航天员完成了国际空间站两个太空舱之间的 40 对电气接头的连接工程，从而使电力和数据可以在两个舱之间流动。

1999 年 5 月，美国“发现号”航天飞机又载着 7 名航天员前往国际空间站，它们为国际空间站运送 1630 千克的各种物资，包括计算机、急救药箱和一台建筑用的起重机，供组装国际空间站的需要。

这一次对接，安排在航天飞机和空间站均从俄罗斯地面站上空飞过的时候，计算十分精确，并且如期完成了对接。

## 建造国际空间站

太空是人类除陆地、海洋和大气以外的第四环境。对这个新的环境，人类正在去研究和开发它。而太空中的“小房子”——空间站，正好为人类探索、开发和利用太空资源提供了一个特好的场所。空间站成为人在太空中长期生活的试验基地，可以锻炼人对太空环境的适应能力，为未来人类漫长的载人星际航行和向外星移民做好准备。

从1971～1982年，前苏联向太空发射了7座名为“礼炮号”的空间站，1973年，美国也发射了一座名为“天空实验室”的空间站，一些航天员在这些空间站里进行了天文学、医学、生物学等研究，以及对自然资源的考察，取得了不少成绩。但这几座空间站在太空轨道上的寿命都不长，能够接纳航天员的人次也很有限，因此被称为第一代和第二代空间站。

1986年2月，前苏联发射了第三代“和平号”空间站，至今仍在太空中运行。10多年来，共有10多个国家的100多名航天员光顾了这座总长50多米、质量123吨的“航天母舰”。俄罗斯和美国的航天员，还在站上分别创下了439天和188天男、女航天员在太空连续生活的最长纪录。在这个特殊的舞台上，航天员们演出了一幕幕动人的节目，在天文观测、生物医学实验、材料工艺实验和地球资源探测等方面，都获得了重要的成果。

不过毕竟十年沧桑，“和平号”空间站日显老态龙钟。近年来各种故障接连不断，经常处于带病工作状态。于是，一座新的国际空间站便应运而生。

国际空间站是1993年决定上马的，由美国、俄罗斯、日本、加拿大、巴西和欧洲空间局的11个成员国共同筑建，是世界航天史上第一次由多国合作建造的最大航天工程。

根据计划，国际空间站将分三个阶段来完成。第一阶段从1995～1998年，美国航天飞机与“和平号”空间站对接9次，利用空间站获取航天员在太空中长期工作和生活的经验，以降低国际空间站装配和运行中的技术风险；第二阶段为1998～1999年，一些主要部件将发射上天，在太空中构成一个过渡性的空间站，达到有人照料的状态；第三阶段从2000～2004年，完成全部硬件的装配。整个装配将要动用美国和俄罗斯共47次航天发射，大批航天员将在太空中进行操作。

完工后的国际空间站，由6个实验舱、1个居住舱、2个连接舱、服务系统及运输系统等组成，是个总长88米、质量约430吨的庞然大物。它运行在约400千米高度的太空中，4个宽为108米的太阳能电池提供功率为110千瓦的电力，空间站的居住舱容积为120立方米，气压始终保持在一个标准大气压。与“和平号”空间站相比，可算是“鸟枪换炮”了。

人类离不开空间站，航天需要空间站。国际空间站作为航天技术发展的重要

里程碑，将在人类征服宇宙的过程中继续做出新的贡献。

## 新型航天飞机

随着世界新技术革命的发展和不断应用，航天技术又将出现一个更大的飞跃。

人们一直在考虑能否将航空和航天的优点集合起来，研制成一种低成本的运输工具。它既能从机场跑道起飞，又能以高超音速穿越大气层进入宇宙空间，完成航天的任务后，再进入大气层，在机场水平着陆，经过简单维修后，又可重新飞上蓝天。这种既有高超音速运输机功能，又具有天地间往返运输系统功能的有翼飞行器，被称为空天飞机。

空天飞机的设想早在二十世纪三四十年代就已产生。50 年代我国著名科学家钱学森教授曾提出航天技术和航空技术相结合的思想。1986 年 2 月 5 日，当时的美国总统里根在一次大会演说中宣布：美国将研制一种新型的航天飞机——国家航空航天飞机，简称空天飞机。此后，美国正式成立了“国家航空航天飞机计划局”，开展空天飞机的研制工作。

不久，英国、法国、日本等都相继提出了空天飞机计划，一时间，全球掀起了一股“空天飞机热”，引起了人们的普遍关注。

专家们认为，把航空技术领域和航天技术领域的精华有机地结合起来，成为一个航空航天一体化的最新高技术密集体，在航天飞机的基础上加以改进和提高，朝着一个更高级的航天器方向发展，前景极为诱人。

未来的空天飞机用途更广泛，灵活性更高，维修使用更简便，运载费用更低廉，因此，有人把空天飞机誉为“21 世纪的太空穿梭机”。

发展空天飞机要涉及到许多先进技术，难度很大，而且研制经费高，风险大。但人类总是要前进的，这些先进的科学设想最终将会实现。到 21 世纪的时候，人们将会乘坐上这种崭新的空天飞机，从地球的一端起飞，进入太空轨道，领略一番太空的神奇景色，然后返回大气层，可以在任一机场降落下来，如现在的旅游航班一样方便自如。

空天飞机采用航空喷气发动机和火箭发动机两种推进系统，它可以方便地往返于天地之间，是“空”与“天”的完美结合。它有异乎寻常的性能，最高时速达3万千米，可绕地球无动力飞行；飞行高度由零高度可直达200千米以上；起降方便，不受发射地点和天气的限制；维修简便，不必再像航天飞机那样飞行一次需要三个多月的检修期，临发射还要出动7000人的保障大军为之准备。飞行后检查和准备也很容易；结构巧妙，彻底抛掉了大包袱似的外储箱和助推器等外挂物，便于轻装上阵，便捷迅速；一机多用，既可载人又可载物，又可无人驾驶入轨与空间站对接；它的发射费用要比航天飞机便宜十分之九，而且不需要规模庞大、设备复杂的航天发射场。

空天飞机是世界航天史上第一次把航空发动机引入航天领域，充分利用大气能源，从根本上改变了航天运载器只采用火箭的推进模式，从而将导致航空航天技术领域内的一场革命。

1983年，美国空军投资60万美元委托有关科研单位研制“跨大气层飞机”，1984年投资100万美元，进行方案论证，并成立了“跨大气层飞机计划局”。并确定从1990年开始研制空天飞机的试验机——X－30，预计投资30亿美元。这种飞机的外形尺寸和波音727客机差不多，最高飞行时速可达28962千米，采用可循环发动机和液氢燃料发动机的混合推进方式，这种试验机的试制成功将为真正的空天飞机提供科学的依据。

## 肩负重任的星际飞船

人类已经不满足于探测地球附近的星球，早已经将目光瞄向了整个星际，肩负这一遥远探测任务的，就是那些长途跋涉的星际飞船。

在完成登月任务后，美国和前苏联又分别向水星、金星和火星发射过各种探测器。其中美国的“水手10号”宇宙探测器3次飞过水星，发回了6000张水星照片“先驱者1号”、“先驱者2号”和苏联的“金星11号”、“金星12号”等探测器都曾飞近金星进行探测，并在金星上软着陆成功，取得了宝贵的成果。

为了探测火星上究竟有没有生命，美国和苏联还发射了“海盗”号、“探测

器”号和“水手”号等探测器，其中最成功的是“海盗1号”和“海盗2号”，它们先后于1976年7月和9月在火星上着陆，进行了生命考察试验和拍照等活动。

在人类所有发射的这些星际飞船中，最值得一提的是美国在1977年8月20日发射的“旅行者2号”。它重约825千克，由6万多个零件组成，安装有电视摄像机等十多种仪器。这个集现代科技成果之大成的宇宙探测器，自从发射上天后，孤身遨游，闯荡了多半个太阳系，取得了惊人的探测成果。

它的第一站是木星，在那里发现了木星的3颗新卫星；第二站是土星，从它发回的高分辨率彩色照片中，科学家发现了6颗新的土星卫星；第三站是天王星，发现这颗远离太阳的星球上竟然有闪电现象，并有强大而混乱的无线电信号；第四站是海王星，在那里发现包围着海王星的一个大磁场和星上一条4300千米宽的黑色风云带。告别海王星后，“旅行者2号”继续向太阳系边缘飞去，直至飞出太阳系，奔向宇宙深处。据科学家估计，它至少还能工作20年。

为了能在其他星球上发现高级智慧生物，“旅行者2号”还携带着人类献给外星人的礼物——“地球之音”唱片，在这张可以储存10亿年、直径30.5厘米的铜质唱片上，录制了表现人类起源和文明发展的115张图片，其中有我国的万里长城和中国人用餐的两张画面，它还录下了35种地球自然界的风雨雷电、鸟鸣兽叫、人笑婴啼等声音以及地球上不同时代、不同地区、不同民族的歌曲27首，还有人类用55种语言向外星人发出的问候语。

“旅行者2号”在宇宙探测中取得的巨大成果，将在人类探测宇宙的历史上留下极为光辉的一页。

## 神舟飞船如何实现密封

原本需要完全密封的载人飞船，却因为舷窗、舱盖、发动机喷口、穿舱电缆等不得不满身开孔。飞船结构与机构分系统主任设计师陈同祥介绍，全船光密封圈就使用了235个，舷窗等重要部件都是两道密封，密封部位能够承受压力差并防热。

飞船密封面临两大考验。在太空高真空环境中，大气压力为零。人已经习惯地面的一个大气压力，所以返回舱和轨道舱需要提供类似地面的压力环境。此时，舱内舱外的压力差达到一个大气压，相当于10米高的水柱对底部产生的压力。密封如果不好，将会在压力下失效。返回舱返回时与大气摩擦产生数千摄氏度高温，密封部件必须能够防热。

返回舱上较大的开口有近40个，轨道舱有20个左右。设计师通过论证和计算，对每个密封开口的表面粗糙度等各种指标都提出了严格要求，研制了短到直径8毫米，长到8米多的各种密封圈。全船的235个密封圈经过模拟各种恶劣环境的试验，被证明安全可靠，在太空无有害气体逸出，满足载人航天的要求。

实现返回舱密封可靠的一个难点是舷窗的防热。返回舱上有两个舷窗，是航天员的观察窗口，为了保证透光性，只能采用玻璃作为结构材料。课题组突破异质材料部位的局部防热技术、热密封技术、舷窗玻璃空间污染与防热、密封结构的地面鉴定检验技术等四项技术难点，采用三层玻璃设计解决了密封与防热的双重任务。

在我国研制神舟飞船之初，俄罗斯类似的技术处于保密状态，我国科研人员完全凭借自己的智慧攻关而成，并在神舟一号至五号上获得了成功。

## 飞船为什么要进行轨道维持

据航天器运行轨道专家介绍，所谓轨道维持，简单说就是通过一定的控制技术使飞船能够维持在它理论上应该飞行的轨道上。在神舟飞船绕地球运行时，会在太空中受到大气阻力、地球引力等多种摄动力的影响，飞船运行高度会逐渐降低，偏离飞船原定的标准轨道。在这种情况下，地面飞控中心需要精确计算出飞船在太空的轨道位置，确定出对其进行控制的参数。

北京航天飞控中心创造性地解决了飞船轨道控制的关键技术，使地面指挥员能够及时对飞船实施精确变轨。神舟六号飞船的轨道维持相当于一次小型的变轨。轨道维持的成功，对飞船的正常运行具有重要意义，也为飞船的成功返回提供了条件。

## 飞船发射时为何会掉碎片

神舟六号飞船发射升空的壮观景象吸引着众多关注的目光。然而，如果稍加留心，人们也许不难从电视画面或是摄影图像中发现，火箭在托举飞船飞离发射塔架腾空而起时，身上在不断地掉落一些碎片。那么，飞船发射时为什么会掉落碎片呢？

据航天发射专家介绍，进入10月份以后，我国北方的大部分地区开始频频受到冷空气的影响，气温明显下降。位于西北戈壁深处的酒泉卫星发射中心，早晚温差加大，夜间气温已达到零度以下。“长征2号F”型运载火箭的测试发射理论温度是零下20摄氏度，但是，低温可能导致某些产品出现低温效应，如密封件失效、电缆插头接触不良、输送管路堵塞等故障，这些都有可能成为发射时的致命“杀手”。

为了尽可能减小低温对火箭发射造成的不利影响，往往会在火箭测试发射过程中采取一些保温措施，例如，吹热风、套防寒服、电灯泡照射及贴泡沫塑料等。其中，在火箭箭体上贴泡沫塑料是最常用也最简便的一种办法。神舟五号飞船发射时就曾经采取了这种措施，实践证明是经济有效的。火箭点火升空后，大气的剧烈摩擦会将这些泡沫塑料从箭体上剥离下来，这就成了人们看到的从火箭身上掉下的碎片。

## “神舟”六号航天员在太空计时靠什么

神舟六号飞船发射升空，人们对太空的热情再一次被点燃，并在社会上掀起一股太空热。

正如美国前航天员彼得·斯坦夫特所说，在所有的太空任务中，一切都要有严格的时间计算。无疑，精确的掌握时间、利用时间和把准时间是航天员在太空生活中以及人类征服太空中最重要的因素。

那么，航天员在太空中依靠什么计时呢？虽然飞船中的多项设备上都有计时仪器，但使用手表在太空中计时最早是在1969年。

1969年7月20日，美国航天员首次实现人类登月计划，通过这次人类踏足月球的伟大事件，瑞士制造的欧米茄超霸表一举成为首只月球表；1994年，俄罗斯航天员训练中心指定瑞士制造的Fortis为航天员的太空任务装备；2003年，航天员杨利伟作为太空的第一位中国访客，佩戴的是中国制造的飞亚达航天表，由此，也使飞亚达航天表成为世界上继欧米茄和Fortis表后的第三只航天表。

专家告诉记者，由于载人航天工程是一个国家科学技术发展水平的综合体现，太空之旅对太空计时仪器航天表的品质也相应地提出严格要求，除了保证走时具有高精确度以外，还必须承受太空中各种恶劣环境的考验，所以航天表在历次太空任务中，都具有不可替代的作用。而1970年欧米茄拯救阿波罗13号的事迹，更成为航天表作用的经典宣传案例。当年，正是航天表协助阿波罗13号航天员在通信瘫痪和漆黑的环境下，准确计算火箭发动时间，使宇宙飞船最终安全重返地球。

## 为什么看似普通的航天表竟可以扮演拯救者的角色

航天表的计时显示除了普通的时、分、秒和日期以外，还提供精确到十分之一秒的多功能计时功能，可以作为航天器辅助的计时仪器。另外，由于太空环境与地球表面环境差别很大，航天表的制作要经过重重考验：如抗干扰、抗辐射、超常加速度、抗振动、耐富氧，等等。所以，相对于普通手表来说，制造航天表的技术标准几乎接近于苛刻。考虑到神六航天计划比神五更加复杂，所以，飞亚达神六航天表采用了不同于神五航天表的新型材料，实现了整个设计制造的全数字化；同时，神六航天表本身也增添了很多功能，能够更好的配合航天员的太空工作。另外，由于此次神六飞行过程中，航天员不仅将在太空生活五天以上，还将首次进入轨道舱生活并开展科学实验活动。所以，每位航天员将佩带两块航天表：一块佩带于宇航服外面，比一般民用表大40%，一块则直接戴在手腕上，大小与普通手表一样，当航天员脱去航天服后可以靠它来掌握时间。

有专家指出，飞亚达成功研制航天表，使中国成为世界三大航天强国中唯一

具备自主研制生产航天表的国家，其中美国和俄罗斯由于没有自己研制的航天表，不得不采用瑞士生产的航天表；而飞亚达公司通过三年多的研发，在航天表领域取得了突破性的进展，使中国载人航天飞船在世界上第一个用上了自主生产的航天表，这也标志着我国已经成为世界上继瑞士后第二个具备研发生产航天表能力的国家，也使飞亚达跻身于世界三大航天表品牌之列。

## 飞船返回需要什么样的气象条件

据主着陆场气象预报组组长李永辉介绍，气象对飞船返回影响最大的因素是地面浅层风的大小。根据计划，神舟六号飞船返回舱将在距离地面 10 千米左右的高度打开降落伞，依靠降落伞的减速功能缓缓飘向地面。如果风力过大，飞船有可能飘出指定着陆区域，增加搜救难度。因此，能否准确预测风向和风速，并随时根据风力和风向变化情况对飞船姿态进行调整，是确保飞船准确返回预定着陆区域的关键。此外，如果地面风速过快，在飞船降落地面后，面积达 1200 平方米的巨型降落伞可能会拖着返回舱在地面高速翻滚，对航天员的生命安全造成威胁。

飞船返回对气象的具体要求是，300 米以下的浅层风速度不超过 15 米/秒，高空风不超过 70 米/秒；空中没有 1000 米以下的低云，没有降水，地面没有半米以上的积雪；能见度不小于 10 千米。

## 科学家们将能够及时预测太空天气

预测太空天气是一个很复杂的难题。太阳预报主要集中于太阳磁场模式的复杂性上，以此来预测太阳风暴现象。但这个办法不一定总是可靠，因为太阳风暴的产生还需要有其他因素。长期以来，人们一直认为耀斑产生之前必有大量电流存在，才能为其提供动力。

对太阳耀斑起因的研究经过两个阶段。“首先，我们发现了与太阳大气中强大电流相关的磁场变化的特征图式”，ATC 的另一位研究人员称：“正是这些强大电流导致了太阳耀斑的产生。”

随后，研究者发现最有可能出现太阳耀斑的区域，有与现有磁场分离的新磁场融入现象，这些来自太阳内部不断融入的磁场在与现有磁场相互作用时似乎吸引着更多电流。

研究小组还发现太阳耀斑并不是在新磁场产生时就立即出现的。显然，电流必需增大几小时之后，耀斑才会出现。准确预报太阳耀斑的发生就像研究雪崩。雪崩只有在足够多的雪聚集之后才会发生。一旦达到这个极限，雪崩随时都会出现，到目前为止，这一过程仍未被完全了解。

“我们发现电流移动区域发生耀斑的频率比无大电流区域多2~3倍，”舒瑞沃说，“而且，携带大电流的活跃区域内的耀斑群，其耀斑平均值是其他耀斑群的3倍。”

研究者是通过比较太阳表面磁场数据与日冕最边缘紫外线图像获得这一发现的。磁场图是由太阳观测卫星（SOHO）上的米切尔森—多普勒成像仪（MDI）测绘的，太阳观测卫星由欧空局与NASA协作运行。

日冕图则像来自NASA的太阳过渡区与日冕探测器（TRACE）。在SOHO图像基础上，该小组还使用了电脑对无电流的太阳磁场进行了三维模拟。图像与模拟图之间的差异显示:有大量电流的存在。

“这就是超过了两项单独任务之和的一项成果。”NASA太阳及太阳系分部负责人理查德·费舍说:“这不仅仅引起科学上的兴趣，还对社会有着广泛的影响。”

## 航天服的分类和特点

在航天服问世之前，世界上最贵的衣服也许是金缕玉衣，但价值数十万元乃至数千万元的航天服比金缕玉衣还要贵上许多倍。中国航天员中心航天服工程研究室主任李潭秋介绍说，航天服其实不是服装，而是穿在航天员身上的环境控制与生命保障系统。

航天服按功能可分为舱内用航天服和舱外用航天服。

舱内航天服也称应急航天服，当载人航天器座舱发生泄漏，压力突然降低

时，航天员及时穿上它，接通舱内与之配套的供氧、供气系统，服装内就会立即充压供气，并能提供一定的温度保障和通信功能。航天员一般在航天器上升、变轨、降落等易发生事故的阶段穿上舱内航天服，而在正常飞行中则不需要穿着。

舱外航天服比舱内航天服要复杂得多，它是航天员出舱进入宇宙空间进行活动的保障和支持系统。它不仅需要具备独立的生命保障和工作能力，包括极端热环境的防护和人体平衡控制，氧气供应和压力控制，服内微环境的通风净化、测控与通信保障、电源供应、航天员视觉防护与保障等，而且还需具有良好活动性能的关节系统以及在主要系统故障情况下的应急供氧系统。

# 第三章　卫　星

## 卫星与人造卫星

卫星是指在围绕行星轨道上运行的天体，包括天然天体和人造天体两种。我们所熟悉的月球就是最明显的天然卫星的例子。在太阳系里，除水星和金星外，其他行星都有天然卫星。太阳系已知的天然卫星总数（不算构成行星环的碎块）至少有40颗。天然卫星是指环绕行星运转的星球，而行星又环绕着恒星运转。就比如在太阳系中，太阳是恒星，我们地球及其他行星环绕太阳运转，月亮、土卫一、天卫一等星球则环绕着我们地球及其他行星运转，这些星球就称做行星的天然卫星。土星的天然卫星最多。天然卫星的大小不一，彼此差别很大。其中一些直径只有几千米大，例如，火星的两个小月亮，还有木星外围的一些小卫星。还有几个却比水星还大，例如，土卫六、木卫三和木卫四，它们的直径都超过5200千米。

随着现代科技的不断发展，人类研制出了各种人造卫星，这些人造卫星和天然卫星一样，也绕着行星（大部分是地球）运转。人造卫星的概念可能始于1870年。第一颗被正式送入轨道的人造卫星是前苏联1957年发射的。从那时起，已有数千颗环绕地球飞行。人造卫星还被发射到环绕金星、火星和月亮的轨道上。人造卫星用于科学研究，而且在近代通信、天气预报、地球资源探测和军事侦察等方面已成为不可或缺的工具。

自1957年前苏联将世界上第一颗人造卫星送入环地轨道以来，人类已经向浩瀚的宇宙中发射了大量的飞行器。其中一半以上属于世界上唯一的超级大国美国，它所拥有的卫星数量已经超过了其他所有国家拥有数量的总和，达413颗，军用卫星更是达到了四分之一以上。

## 人造卫星简介

在人类发射的数千颗人造卫星中，90%以上是直接为国民经济和军事服务的卫星，称为应用卫星。此外，还有科学卫星和技术试验卫星。

人造卫星一般由专用系统和保障系统组成。专用系统是指与卫星所执行的任务直接有关的系统，也称为有效载荷。应用卫星的专用系统按卫星的各种用途包括：通信转发器，遥感器，导航设备等。科学卫星的专用系统则是各种空间物理探测、天文探测等仪器。技术试验卫星的专用系统则是各种新原理、新技术、新方案、新仪器设备和新材料的试验设备。保障系统是指保障卫星和专用系统在空间正常工作的系统，也称为服务系统。主要有结构系统、电源系统、热控制系统、姿态控制和轨道控制系统、无线电测控系统等。对于返回卫星，则还有返回着陆系统。

人造卫星的优点在于能同时处理大量的资料及能传送到世界任何角落，使用三颗卫星即能涵盖全球各地，依使用目的，人造卫星大致可分为下列几类：

科学卫星：送入太空轨道，进行大气物理、天文物理、地球物理等实验或测试的卫星，如中华卫星一号、哈伯等。

通信卫星：作为电信中继站的卫星，如亚卫一号。

军事卫星：作为军事照相、侦察之用的卫星。

气象卫星：摄取云层图和有关气象资料的卫星。

资源卫星：摄取地表或深层组成之图像，作为地球资源探勘之用的卫星。

星际卫星：可航行至其他行星进行探测照相之卫星，一般称之为“行星探测器”，如先锋号、火星号、探路者号等。

## 我国卫星技术的重大成就

目前，我国已形成返回式遥感卫星、“东方红”通信广播卫星、“风云”气象卫星、“实践”科学探测与技术试验卫星、“资源”地球资源卫星和“北斗”

导航定位卫星等6个卫星系列，海洋卫星系列也即将形成。各类卫星的整体水平明显提高，达到20世纪90年代国际水平。此外，近五年来我国与国外联合研制或独立研制了多颗微小卫星，在微小卫星领域取得了重要进展。这其中意义重大的有：

1965年8月，我国开始实施第一颗人造地球卫星计划，经过5年的努力，成功地发射了“东方红一号”卫星，卫星的重量、跟踪手段、信号形式、星体温控等超过其他国家第一颗卫星的水平。“东方红一号”卫星的发射成功，标志着“两弹一星”国家重大高科技工程的圆满完成。

1971年3月，第一颗科学探测与技术试验卫星“实践一号”发射成功，卫星在轨正常运行8年多，远远超过设计要求，这在当时国外卫星中是少有的。

1975年11月26日，第一次发射了返回式遥感卫星，在空间正常运行3天后成功返回地面，并获得有价值的遥感资料，使我国成为继美、苏之后世界上第三个掌握卫星返回技术的国家。我国返回式卫星首次飞行试验就回收成功，这是一项重大成就。

1984年4月，第一颗地球静止轨道通信卫星“东方红二号”成功升空，并准确定点东经125度赤道上空，使中国成为世界上第五个独立研制和发射静止轨道卫星的国家。该卫星具有实用性，正常工作3年多，创造了世界通信卫星发展史上的一个新纪录。

1988年9月，第一颗极轨试验气象卫星“风云一号”发射成功，使中国成为第三个自主研制和发射极轨气象卫星的国家；1997年5月，中等容量通信卫星“东方红三号”发射成功，并定点于东经125度赤道上空，卫星主要性能指标达到同期国际上同类卫星的先进水平。这标志着我国在通信卫星领域跨上了一个新台阶；1997年6月，第一颗地球静止轨道试验气象卫星“风云二号”发射成功；1999年10月，发射成功第一颗地球资源卫星“资源一号”，卫星首次发射即提供了有效应用。这标志着我国传输型遥感卫星技术取得突破性进展，我国空间遥感进入了一个新阶段。

2000年10月和12月，两颗“北斗一号”导航试验卫星分别发射升空并正常在轨运行，使中国成为世界上第三个自主研制和发射导航卫星的国家，“北斗一号”也是世界上首次建立的双星导航定位系统。2002 年 5 月，第一颗海洋卫星“海洋一号”发射升空，结束了我国没有海洋卫星的历史。2003 年 12 月和 2004 年 7 月，分别发射了与欧洲空间局合作研制的“探测一号”和“探测二号”卫星，成功地实施了地球空间双星探测计划，实现了我国空间探测技术的跨越式发展。2007 年 5 月，我国基于东方红四号平台成功地研制并发射了“尼日利亚通信卫星一号”，实现了我国整星出口零的突破，这也标志着我国通信卫星技术实现了新的大跨越。

## 地球同步轨道发射技术

地球同步轨道又称 24 小时轨道，卫星的轨道周期等于地球在惯性空间中的自转周期（23 小时 56 分 4 秒），且方向亦与之一致，卫星在每天同一时间的星下点轨迹相同，当轨道与赤道平面重合时称做地球静止轨道，通俗的说就是卫星不动。卫星与地面的位置相对保持不变。

地球同步轨道是倾角为零的圆形地球同步轨道，因为在这样的轨道上运行的卫星将始终位于赤道某地的上空，相对于地球表面是静止的。这种轨道卫星的地面高度约为 3.6 万千米。它的覆盖范围很广，利用均布在地球赤道上的 3 颗这样的卫星就可以实现除南北极很小一部分地区外的全球通信。

要实现地球同步轨道，得满足下列条件：

（1）卫星运行方向与地球自转方向相同。

（2）轨道倾角为 0 度。

（3）轨道偏心率为 0，即轨道是圆形的。

（4）轨道周期等于地球自转周期。静止卫星的高度为 35 786 千米。

但是，要将同步卫星发射到同步轨道上，却是相当困难和复杂的。因为受火箭运载能力的限制和发射场一般不处于赤道上的影响，多数的运载火箭不能将卫星直接送到同步轨道上，必须分为三个阶段才能入轨。

第一步，运载火箭将卫星送到距地面 200 ~ 300 千米的停泊轨道；

第二步，以停泊轨道的环绕速度将卫星加速送到转移轨道与同步轨道相切

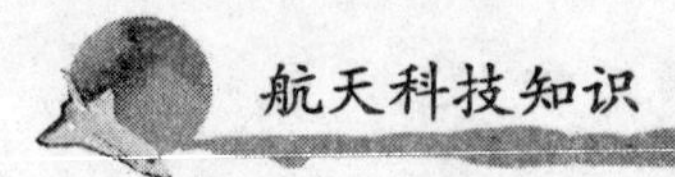


处，即转移轨道的远地点；

第三步，在远地点上点燃发动机，使卫星进入地球同步轨道，并用卫星上的小发动机调整卫星的姿态，使卫星完全进入同步轨道。

## 海洋卫星简介

早在1962年美国进行了载人“水星”号（mercury）试验飞行，第一次从160千米高空观测海洋，拍摄了海洋照片，开创了从太空探测海洋的新纪元。

迄今，国际上发射了多颗海洋卫星，大体上可分为三类：

（1）海洋水色卫星。主要用于探测海洋水色要素，如叶绿素浓度、悬浮泥沙含量、有色可溶有机物等，此外也可获得浅海水下地形，海冰、海水污染以及海流等有价值的信息。美国于1997年8月发射的seastar卫星是一例，此外，还有其他多颗这样的卫星。

（2）海洋地形卫星。主要用于探测海表面拓扑，即海平面高度的空间分布。此外，还可探测海冰、有效波高、海面风速和海流等。美法合作于1992年8月发射的topex poseidon卫星和gfo卫星是目前最精确的海洋地形探测卫星。此外，美国eos于2002年和2007年发射laseralt－1和alt－2，可用于精确测量陆表和冰面地形。

（3）海洋动力环境卫星。主要用于探测海洋动力环境要素，如海面风场、浪场、流场、海冰等，此外，还可获得海洋污染，浅水水下地形、海平面高度信息。欧洲空间局（esa）于1991年7月和1995年4月相继发射的ers－1和ers－2是这类卫星中最具代表性的。此外，除了海洋卫星以外，还有不少海洋探测器搭载的卫星，但功能不外乎海洋水色、海表拓扑和海洋动力环境等方面内容。

## 通信卫星

通信卫星是世界上应用最早、应用最广的卫星之一，许多国家都发射了通信卫星。

通信卫星是一种充当无线电通信中继站的人造地球卫星，它通过反射或转发无线电信号，实现卫星通信地球站之间或地球站与航天器之间的通信。通信卫星是各类卫星通信系统或卫星广播系统的空间部分。作为无线电通信中继站，通信卫星扮演的角色是“信使”——收集来自地面的各种“信件”，然后再“投递”到另一个地方的用户手里。当卫星接收到从一个地面站发来的微弱无线电信号后，会自动把它变成大功率信号，然后发到另一个地面站，或传送到另一颗通信卫星上后，再发到地球另一侧的地面站上，这样，我们就收到了从很远的地方发出的信号。

通信卫星一般采用地球静止轨道，这条轨道位于地球赤道上空 35786 千米处。卫星在这条轨道上以每秒 3075 米的速度自西向东绕地球旋转，绕地球一周的时间为 23 小时 56 分 4 秒，恰与地球自转一周的时间相等。因此，从地面上看，卫星像挂在天上不动一样。如此一来，地面接收站的工作也方便了许多。只要将接收站的天线对准卫星，就可以昼夜不间断地进行通信，不必像跟踪那些移动不定的卫星一样而四处“晃动”，使通信时间时断时续。现在，通信卫星已承担了全部洲际通信业务和电视传输。

由于它是“站”在 36000 千米的高空，所以它的“投递”覆盖面特别大，一颗卫星就可以负责三分之一地球表面的通信，覆盖区内的任何地面、海上、空中的通信站能同时相互通信。如果在赤道上空等间隔分布 3 颗静止通信卫星就可以实现除两极部分地区外的全球通信。

通信卫星按轨道分为静止通信卫星和非静止通信卫星；按服务区域不同可分为国际通信卫星和区域通信卫星或国内通信卫星；按用途可分为专用通信卫星和多用途通信卫星，前者如电视广播卫星、军用通信卫星、海事通信卫星、跟踪和数据中继卫星等，后者如军民合用的通信卫星，兼有通信、气象和广播功能的多用途卫星等。

1965 年 4 月 6 日美国成功发射了世界第一颗实用静止轨道通信卫星：国际通信卫星 1 号。到目前为止，该型卫星已发展到了第八代，每一代都在体积、重量、技术性、通信能力、卫星寿命等方面有一定提高。

前苏联的通信卫星命名为“闪电号”。包括闪电 1、2、3 号等。由于前苏联国土辽阔，“闪电号”卫星大多数不在静止轨道上，而在一条偏心率很大的椭圆轨道上。

中国的第一颗静止轨道通信卫星是1984年4月8日发射的，命名为“东方红二号”，至今已发射成功了五颗。这些卫星先后承担了广播、电视信号传输，远程通信等工作，为国民经济建设发挥了巨大作用。

## 卫星通信的优点和缺点

卫星通信是地球上（包括陆地、水面和低层大气中）无线电通信站之间利用人造卫星作为中继站而进行的空间微波通信，卫星通信先将信号转换成微波发射到地球同步卫星，而后通过地球同步卫星发射到转发信号，从而将信号覆盖面扩大，达到信号的传输。卫星通信是现代通信技术的重要成果，它是在地面微波通信和空间技术的基础上发展起来的。与电缆通信、微波中继通信、光纤通信、移动通信等通信方式相比，卫星通信具有下列特点：

（1）卫星通信覆盖区域大，通信距离远。一颗地球同步卫星便可覆盖地球表面的三分之一，利用3颗适当分布的地球同步卫星即可实现除两极以外的全球通信。卫星通信是目前远距离越洋电话和电视广播的主要手段。尽管可以实现如此大范围的传输，但是卫星通信的成本却与距离无关。地面微波中继系统或电缆载波系统的建设投资和维护费用都随距离的增加而增加，而卫星通信的地球站至卫星转发器之间并不需要线路投资，因此，其成本与距离无关。

（2）卫星通信具有多址连接功能。卫星所覆盖区域内的所有地球站都能利用同一卫星进行相互间的通信，即多址连接。同时地球站的建立不受地理条件的限制，可建在边远地区、岛屿、汽车、飞机和舰艇上。

（3）卫星通信频段宽，容量大。卫星通信采用微波频段，每个卫星上可设置多个转发器，故通信容量很大。

（4）卫星通信质量好，可靠性高。卫星通信的电波主要在自由空间传播，噪声小，通信质量好。就可靠性而言，卫星通信的正常运转率达99.8%以上。

但卫星通信也有不足之处，主要表现在：

（1）传输时延大。在地球同步卫星通信系统中，通信站到同步卫星的距离最大可达40000千米，电磁波以光速传输，这样，路经地球站→卫星→地球站（称为一个单跳）的传播时间约需0.27秒。如果利用卫星通信打电话的话，由于两个站的用户都要经过卫星，因此，打电话者要听到对方的回答必须额外等待0.54秒。

（2）回声效应。在卫星通信中，由于电波来回转播需0.54秒，因此产生了讲话之后的“回声效应”。为了消除这一干扰，卫星电话通信系统中增加了一些设备，专门用于消除或抑制回声干扰。

（3）存在通信盲区。把地球同步卫星作为通信卫星时，由于地球两极附近区域“看不见”卫星，因此不能利用地球同步卫星实现对地球两极的通信。

（4）存在日凌中断、星蚀和雨衰现象。

## 卫星通信技术

卫星通信技术包括卫星系统和数字通信两个方面的技术。随着电子技术的迅速发展，这些卫星技术得到显著提高。

（1）卫星系统技术。卫星通信在20世纪60年代初用于点到点国际中继电话，在70年代用于国内通信，在80年代用于商业通信。

随着时间的推移，发射能力更强的运载火箭和功能更齐全的卫星不断涌现，使每信道成本显著减少。因此，为商业通信或乡村和偏远地区通信部署大量的终端在技术和经济上都是可行的，而地面终端的大规模生产又可使其成本进一步减少。特别是在90年代，采用16米天线的更大的卫星发射成功，终端的成本已降到3000美元以下。这些终端已用于个人通信。其通信方式是双模式：即可以进行地面蜂窝通信，又可进行卫星通信。由于卫星功率更高，地面站的尺寸和成本进一步减少。利用频率更高的波段，如Ku波段和Ka波段提供更大的带宽，减少干扰，使终端更小，业务容量更大。

使用超大规模多波束天线将增强卫星的发射功率，并可大量重复使用频率。具有电子跟踪能力的相控阵大线和智能手持式收发两用机将提高地面站的通信效能。甚小口径终端（VSAT）将向超小口径终端（USAT）发展。星上数字信号处理和再生将增加吞吐量，减少噪声、降低干扰和雨衰。

卫星交换 TDMA 与窄波束相结合将通过较高的卫星等效全向辐射功率（EIRP）显著增加业务容量。在 Ka 波段可以利用的功率更高的卫星，将对远地点开辟宽带多媒体业务。使用再生转发器将把上行和下行链略性能衰变隔离开来，并可进一步增强信号质量。星际链路（ISL）将扩大卫星系统的能力和覆盖范围。

（2）数字通信技术。按照摩尔定律的预测，以每个集成芯片的晶体管的数量计，半导体的功率每 18～24 个月翻一番。超超大规模集成电路（VVLSI）的开发证明了这种预测到现在为止的30 年内是非常精确的。鉴于集成电路尺寸的缩小，数字信号处理的功耗和成本也已减少，而性能却显著提高。数字卫星通信技术在以下几个方面取得了极大进展：

话音编码：话言编码的比特率从普遍的脉冲编码调制（PCM）64kbps 减少到 8kbps 以下，接近长话质量。卫星功率和带宽需求量几乎呈数量级减少。

前向纠错编码：运用纠错编码技术使比特设码率性能得到了非常显著的改善。例如，运用前向纠错码可使载波功率减少 4～5dB。

加密：数字信号能够轻而易举地按照所需的保密等级加密。

调制：能够运用较高水准的移相键控技术减少带宽要求。

包交换：诸如话音、数据、视频和图形多种信号的组合，能够实现包化、多路复用和更有效的传输。

多址：能够使用频谱效率更高的时分多址和码分多址接入技术。

数字语音插值（DSI）：能利用话音信道的闲置期，使信道容量增加 2. 5 倍。

数字线路倍增设备（DCME）：利用 DSI 和低比特率编码，使信道容量比普通的 64kbpsPCM 话音信道增加 10 倍多。

按需分配多址（DAMA）：该技术通过高效共享转发器的容量而减少成本。

总之，数字信号处理、多路复用、调制和多址接入技术的结合可以减少功率和带宽要求，产生更高的灵活性和巨大的频谱效率。像 TCP/IP 这样的传输效率更高的协议和像帧中继和 ATM 这样的传输技术提高了卫星线路的效率。

# 卫星通信业面临的五大问题

目前卫星通信业的发展遇到了宽带业务、债务、投资战略、兼并收购和法律约束等五大问题。虽然这些问题大多涉及美国，但实际上却影响着整个世界卫星通信发展的方向和前景。

1. 宽带业务的未来市场问题

Ka 频段作为发展宽带卫星通信主要频段，已有 10 多年的历史，但在“铱星”、“全球星”等系统失败的阴影笼罩下，原先要大力建造的 Teledesic（288 颗卫星）、“天桥”（Sky Bridge）等低轨道卫星星座和“宇宙链路”（Astrolink）、“太空之路”（Spaceway）、“计算机星”（Cyberstar）、“欧洲天空之路”（Euro SkyWay）等静止轨道卫星星座，不是纷纷下马，就是缩小规模或转向，使宽带卫星通信的发展处于停滞徘徊、举棋不定的状态。当然仍有像美国狂蓝公司、加拿大 Telesat 公司和泰国 Shin 卫星公司等还要发射 Ka 频段卫星，经营宽带业务。但这个市场究竟有多大，是个悬念。

“铱星”等公司破产的教训不是技术问题，而是市场定位的错误。“铱星”最能发挥优势的地方正是其没有市场的致命之处（即地面蜂窝系统到达不了的广大农村和边远地区），那儿的用户买不起卫星手机，也承受不了过高的话费，而地面蜂窝系统占领的正是用户众多的城市及附近地区，其手机和话费之便宜，卫星根本无法相比。Ka 频段宽带卫星经营公司也同样面临着当年“铱星”等类似的市场定位挑战：能否与陆基光纤宽带通信系统相竞争？Ka 卫星的地面终端能否降低成本拥有大量的用户？服务费能否便宜到与陆基宽带系统处在相当水平？看来卫星宽带通信很难做到以上三点，充其量不过是陆基宽带系统的补充和延展。如此，其市场空间就比较狭小，要想营利就很困难。

因此，许多卫星经营公司开始调整发展战略，寻求新的出路。如美国直播电视公司（Direc TV）将其“太空之路”的 2 颗 Ka 频段宽带卫星改成了发展高清晰电视（HDTV）的平台，并对其计划进行重大压缩。回声星公司（Echostar）也曾购买了 Ka 频段卫星容量，但是 3 年来就未下决心，他们对这个市场仍表示

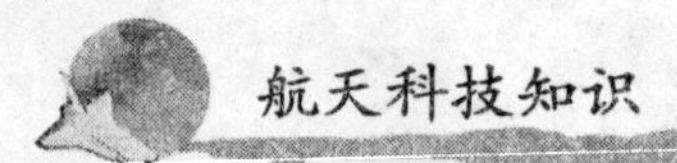


怀疑。SES全球公司对与阿尔卡特空间公司和吉莱特网络公司（Gliat）联合投资的Satlynx宽带公司的期望值也大为降低，认为这个市场比预期的小得多。唯有加拿大Telesat公司将通过已发射的阿尼克－F2卫星开通Ka频段宽带业务，这可能是加拿大幅员辽阔、人口稀少，发展宽带卫星通信实现全国覆盖要比铺设陆基光纤网络容易得多的缘故。

2. 卫星经营公司的债务问题

世界排名最前列的卫星固定业务经营商国际通信卫星公司（Intelsat）、泛美卫星公司（Pan Am Sat）、欧洲通信卫星公司（Eutelsat）和新天空卫星公司（New Sky）现已全部或部分地被私人风险投资公司收购。

在20世纪90年代后期电信业滑坡，全球卫星容量过剩，转发器租赁价格不断下降。泛美卫星公司与其他商业卫星经营公司一样收入锐减。泛美卫星公司于2004年8月被3家私人风险投资商以26亿美元收购。为寻找新的出路，公司从这些私人股份中抽出部分股份总共10亿美元来发行首次公开上市股票（IPO, Initial Public Offering），其每股价值被认定为19～21美元，总共发行5000万股。其中9亿多美元的净收入支付泛美公司的欠债，另外2亿美元要作为股息付给它现在的3家买主。为了把公司卖给有指望的股东，泛美公司声称上市一年后，每股会获得1.55美元的股利，或每股获利7.4%～8.1%。这显然还不够，泛美公司还被迫将入市的股票价格降到每股18美元。在2005年3月17～19日纽约股票交易市场上市时，这些股票的交易价为每股17.75美元。所以发行股票之后，泛美公司的欠债反而更多了，达到了39亿美元。为了不断地支付繁重的股息，公司的自我掌握和开发能力将受到很大制约，这些制约会进一步恶化提高收益率的环境，使泛美公司的欠债总处在易变的浮动之中。泛美公司目前在股票市场的这种艰难处境，也使其他卫星经营公司对此做法望而却步。发行首次公开上市股票的国际通信卫星公司、新天空卫星公司也会遇到类似的问题。

3. 投资战略的问题

目前世界上卫星经营公司的投资方向有以下几种方式。

第一种即是被私人风险投资公司收购，通过发行公开上市股票的融资方式。例如上述的泛美卫星公司、国际通信卫星公司和新天空卫星公司。它们所欠债务的多少和决定股息的策略都会制约公司投资新业务的能力。因为这些公司不久前均完成其在轨卫星更替，所以短期内还不成问题，但长期来说，沉重的股息和债务却是一个沉重的负担。

第二种是开拓新业务，扩大市场。SES 全球公司这个世界上最大的商业卫星经营商采取了这种方式，他们在加拿大、墨西哥和美国开通新业务，扩大其市场范围。

第三种投资方式是由发展卫星宽带业务转向发展高清晰电视。美国直播电视公司用 10 亿美元的投资向波音卫星系统公司（BSS）定购了 3 颗大型 Ka 频段卫星，同时将波音制造的“太空之路”宽带业务卫星改建成直播卫星，大力开发 Ka 频段高清晰电视。直播电视公司的竞争对手回声星公司也将制定一个类似的 Ka 频段卫星计划将与 SES 公司一起投资发展高清晰电视。

第四种方式是投资开发宽带移动通信业务。如国际移动卫星公司（Inmarsat），尽管其现有在轨卫星能够处理今天大多数卫星业务，但仍打算投资 15 亿美元采购 3 颗新的卫星，用以开发宽带移动业务。美国的移动卫星风险公司（MSV）决定投资 5 亿美元，选择劳拉空间系统公司为其制造第二代的 2 颗大型 Terrastar 卫星，用于为美国和加拿大北美地区提供卫星移动通信业务。SES 全球公司也正在考虑进入卫星移动业务市场。

第五种方式是仍然向宽带业务市场进军。如，加拿大 Telesat 公司和美国的狂蓝公司（Wild Blue）除在已发射的阿尼克－F2 大型通信卫星上开展 Ka 频段商业宽带业务外，Telesat 公司还将在年底专门订购 1 颗 Ka 频段卫星，建立双向商业宽带链路。此外，亚洲泰国的 iPSTAR 宽带卫星已由劳拉空间系统公司制造完工，等待发射。

以上多种投资发展方式，看来第三种开发高清晰电视和第四种开发宽带卫星移动业务有其独特优势，前景似乎看好；而第五种开展双向卫星宽带业务因有陆基地面宽带网络的竞争，其市场有限；第一种通过发行原始公开上市股票的融资方式，前景究竟如何则不得而知。

4. 兼并与收购问题

据大多数工业分析家认为，今后卫星公司被兼并和收购仍然是不可避免的。

由私人风险投资公司收购卫星经营公司，其卫星资产的价值将如何受到兼并的影响，其前途是好是坏还很难说。因为这种收购行为不是对卫星经营的战略投资，而是金融投机行为。

几位华尔街金融分析家表示，黑石财团（Blackstone Group）收购新天空卫星公司是一个兼并行动。对于新天空卫星公司，它可能是一个寻找出路的探索者，也可能成为一个牺牲品。而对其买主们来说，能否促进卫星产业发展，赚到钱，此事的前景还是不明朗的。

5. 长期受法律约束的问题

在美国一个值得注意和警惕的问题是，卫星经营公司和卫星制造公司都注册为受美国安全法律控制的公司。这意味着这些公司在遇到涉及所谓美国安全问题时，不能行使公司法人职权和独立董事会的职权，而要服从政府的安全法律，经营卫星的生意就有可能做不成。美国国会把商业通信卫星及其相关部件归类为武器系统，为此卫星及其部件的出口必须经过国务院的批准。美国政府常常以涉及军事敏感信息和扩散卫星技术为借口，使卫星制造公司和卫星经营公司在做成生意的关键时刻无可奈何。为此使美国卫星公司在商业经营和管理上没有完全的自主权，不能与世界其他国家的卫星公司进行公平竞争。这种受法律约束的问题，有时在商业生意成交时往往是致命的。

## 卫星与遥感技术

1968 年，美国阿波罗 -8 宇宙飞行器发送回了第一个地球影像，从此，人类开始以全新的视角来重新认识自己赖以生存的地球。基于军事方面的考虑，各主要航天大国相继研制出各种以对地观测为目的的遥感卫星，并逐步向商用化转移。随着计算机技术、光电技术和航天技术的不断发展，卫星遥感技术正在进入一个能快速、及时提供多种对地观测海量数据的新阶段及应用研究的新领域。在众多的遥感卫星中比较有代表性的有：

**美国资源卫星**

美国于 1961 年发射了第一颗试验型极轨气象卫星，到 20 世纪 70 年代，在

气象卫星的基础上研制发射了第一代试验型地球资源卫星（陆地－1、2、3）。这三颗卫星上装有返束光导摄像机和多光谱扫描仪 MSS，分别有 3 个和 4 个谱段，分辨率为 80 米。各国从卫星上接收了约 45 万幅遥感图像。

80 年代，美国分别发射了第二代试验型地球资源卫星（陆地－4、5）。卫星增加了新型的专题绘图仪 TM，可通过中继卫星传送数据。TM 的波谱范围比 MSS 大，每个波段范围较窄，因而波谱分辨率比 MSS 图像高，其地面分辨率为 30 米。

90 年代，美国又分别发射了第三代资源卫星（陆地－6，7）。陆地－6 卫星因未能进入轨道而失败。陆地－7 卫星装备了一台增强型专题绘图仪 ETM，该设备增加了一个 15 米分辨率的全色波段，热红外信道的空间分辨率也提高了一倍，达到 60 米。美国资源卫星每景影像对应的实际地面面积均为 185 千米，16 天即可覆盖全球一次。

**法国遥感卫星**

继 1986 年以来，法国先后发射了斯波特－1、2、3、4 对地观测卫星。斯波特－1、2、3 采用 832 千米高度的太阳同步轨道，轨道重复周期为 26 天。卫星上装有两台高分辨率可见光相机（HRV），可获取 10 米分辨率的全遥感图像以及 20 米分辨率的三谱段遥感图像。这些相机有侧视观测能力，可横向摆动 27 度，卫星还能进行立体观测。斯波特－4 卫星遥感器增加了新的中红外谱段，可用于估测植物水分，增强对植物的分类识别能力，并有助于冰雪探测。该卫星还装载了一个植被仪，可连续监测植被情况。斯波特－5 是新一代遥感卫星，其分辨率更高，即将向全世界提供服务。

**加拿大雷达卫星－1**

加拿大雷达卫星－1 于 1995 年发射，它标志着卫星微波遥感技术的重大进展。雷达卫星－1 除了有一个地面卫星数据接收站外，还载有磁带记录器，可覆盖全球。该星为地面分辨率、成像行宽和波束入射角提供了更宽的选择范围。除陆地及海洋应用外，其重要任务一是对南极大陆提供第一个完全的高分辨率卫星覆盖，二是对全球产生多次卫星覆盖。

**依科诺斯**

依科诺斯卫星是美国 Spaceimage 公司于 1999 年 9 月发射的高分辨率商用卫

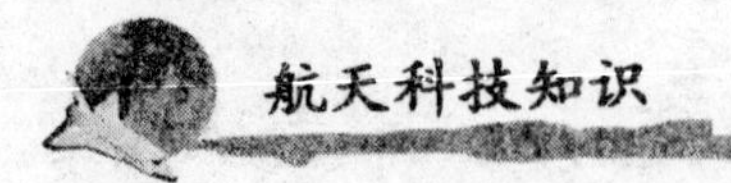


星，卫星飞行高度680千米，每天绕地球14圈，星上装有柯达公司制造的数字相机。相机的扫描宽度为11千米，可采集1米分辨率的黑白影像和4米分辨率的多波段（红、绿、蓝、近红外）影像。由于其分辨率高、覆盖周期短，故，在军事和民用方面均有重要用途。

## 气象卫星的分类

气象卫星是对地球及其大气层进行气象观测的遥感卫星。气象卫星按轨道不同，分为太阳同步轨道气象卫星和地球静止轨道气象卫星。太阳同步轨道卫星可以获得全球气象信息，如我国的风云一号气象卫星；地球静止轨道气象卫星可以对目标区域进行连续气象观测，如我国的风云二号气象卫星。两种类型的气象卫星相互补充、协同观测。目前除中国外，美国、俄罗斯、欧洲、日本和印度都先后发射了气象卫星。

气象卫星带有各种气象遥感仪器，主要有多通道高分辨率扫描辐射计、高光谱红外分光计、微波辐射计等，能够接收和测量地球和大气层的可见光、红外和微波的辐射，并将它们转换成电信号发送回地面。地面应用系统对卫星送回的原始观测信息进行计算和处理后，得出各种气象信息资料。气象卫星观测范围广，观测次数多，观测时效快，观测数据质量高，不受自然条件和地域条件的限制，所提供的气象信息已广泛用于日常气象业务、大气科学、防灾减灾、环境监测、海洋学和水文学的研究。现在气象卫星已发展到业务应用阶段，形成了极轨和静止卫星共同组成的业务监测网，成为世界公认的具有极高社会和经济效益的应用卫星。

## 嫦娥一号卫星的首次变轨是怎么回事

2007年10月25日17时55分，北京航天飞行控制中心对嫦娥一号卫星实施首次变轨并获得成功，使卫星的近地点高度由约200千米抬高到了约600千米。那么，卫星的变轨究竟是怎么回事呢？

所谓变轨，顾名思义就是改变飞行器在太空中的运行轨道。受运载火箭发射能力的局限，卫星往往不能直接由火箭送入最终运行的空间轨道，而是要在一个椭圆轨道上先行过渡。在地面跟踪测控网的跟踪测控下，选择合适时机向卫星上的发动机发出点火指令，通过一定的推力改变卫星的运行速度，达到改变卫星运行轨道的目的。

变轨是一项非常尖端的测控技术，对卫星轨道的测量、发动机点火时间的计算以及遥控技术均提出了很高的要求。

嫦娥一号卫星的首次变轨是在远地点进行的。绕月工程测控系统副总设计师董光亮介绍说，按照计划安排，从10月26日开始，卫星还将在近地点实施3次变轨。其中最重要的是最后一次变轨，即10月31日实施的变轨。卫星将在那次变轨后，正式踏上奔月的征程。

## 嫦娥工程的四大探测目标

作为我国探月工程的第一步，绕月工程将完成四大科学目标。这些目标的完成，将拉开我国深空探测新时代的序幕。

（1）获取月球表面三维影像。利用CCD相机结合激光高度计获取月球表面三维影像，精细划分月球表面的基本地貌和构造单元，初步编制月球三维地形图、地质图和构造纲要图，划分月球断裂和环形影像纲要图，并为月面软着陆提供参考依据。

（2）分析月球表面有用元素含量和物质类型的分布特点。通过γ/X射线谱仪和干涉程序光谱仪分析月球表面有用元素含量和不同物质类型的分布特点，为研究月球形成和演化历史、起源方式提供直接和有效的证据，为未来开发和利用月球资源提供依据。

（3）探测月壤特性。利用微波辐射计探测月壤厚度及其分布，分析月壤成熟度与表面年龄的关系，概略估算月球表面氦-3的资源量。

（4）探测地月空间环境。利用太阳高能粒子探测器、太阳风低能离子探测器探测太阳宇宙线高能带电粒子和太阳风等离子体，研究太阳风和月球的相互作

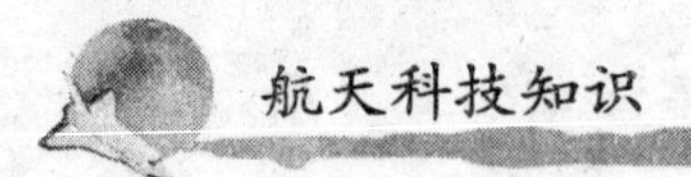


用，深入认识空间物理现象对地球空间以及对月球空间的影响。

我国的月球探测工程将分为“绕”“落”“回”三个阶段实施。第一期工程发射第一颗月球探测卫星，实现月球探测卫星绕月飞行；第二期工程发射月球探测器登陆月球；第三期工程实现月面巡视勘察与采样返回。

## 军事卫星的现状和将来

军事卫星包括侦察卫星、通信卫星、导航卫星、预警卫星等。世界上最早部署国防卫星系统的是美国。从 1962～1984 年，美国就部署了三代国防通信卫星 68 颗，据说，美国总统向全球一线部队下达作战命令仅需 3 分钟。

现在，许多国家都把军事卫星当做国防竞备的重要内容，并让它在现代战争中大显身手。如 1991 年海湾战争，多国部队前线总指挥传送给五角大楼的战况有 90% 是经卫星传输的。多国部队以美国全球军事指挥控制系统（WWMCCS）为核心，进行战略任务的组织协调工作，以国防数据网（DDN）为主要战略通信手段，用三军联合战术通信系统（TRI－TAC）来协同陆、海、空的战术通信，构成完整的陆、海、空一体化通信网。此次战争中，多国部队共动用了 14 颗通信卫星，包括用于战略通信的“国防通信卫星”Ⅱ型 2 颗，“国防通信卫星”Ⅲ型 4 颗；用于战术通信的舰队通信卫星 3 颗，“辛康”Ⅳ型通信卫星 4 颗。还有一颗主要用于英军通信的“天网”Ⅳ通信卫星。多国部队各军兵种都配有国防通信系统接收机和通信接口。另外，在沙特的美军部队还配有一支 20 人组成的卫星通信分队操作卫星地面站，用以确保卫星通信网正常运转。

军用卫星的发展趋势主要在于提高卫星的生存能力和抗干扰能力，实现全天候、全天时覆盖地球和实时传输信息，延长工作寿命，扩大军事用途。

也许有人会问，万一卫星失灵了会怎么样，战争的局面会不会乱成一锅粥呢？要说影响的话，那是一定有的，但不会乱到一塌糊涂的地步，1960 年以前人类没有军用卫星还不是照样把战争发展成全球性大战，从地球一端打到另一端。目前飞机，战船，潜艇还有小部分国家没有配备卫星导航通信系统，其他国家的飞机，战船，潜艇除了卫星导航通信系统也都配备了惯性、塔康导航系统和其他无线电通信设备。可以取代卫星导航通信系统，只是没有那么精确和及时了。

卫星侦查也可以用飞机等其他手段取代，大部分国家没有卫星侦查手段，拥有卫星侦查手段的不超过20个，而且因为卫星高度太高，轨道固定，在灵活性和成像分辨率、信号截获率上不及飞机和其他近距侦查方式。没有卫星支援的情况下空战几乎不受影响，但对地攻击会大打折扣，因为对地攻击需要靠外界事先发现和确定目标、威胁，武器使用也受一定影响，例如不能使用GPS制导弹药，但还有很多其他制导弹药可用。

## 太空千里眼——预警卫星

可能有人对预警卫星这个名字比较陌生。说得通俗一点，它就像一个哨兵，站在空中，随时注视着地面的某个地区，一旦有什么风吹草动则及时报告情况。预警卫星一般发射到地球静止轨道上，在卫星上装有高精度的探测器。这个探测器在空中定向，始终指向敌对方的地区。一旦敌方发射导弹，在不到几分钟的时间内，卫星就可以探测出来，同时通过对飞行弹道进行计算，可以确定它的落点和攻击目标，并马上把信息传到本部指挥中心，提醒做好反击准备。一般的洲际导弹要飞行几十分钟的时间，就是一般中程导弹也要飞行几分钟到十几分钟的时间。预警卫星的报警就为自己一方赢得了宝贵的时间。有的卫星上还装有核辐射探测器，如X射线探测器、射线探测器等来监视大气层内外的核爆炸。

预警卫星是名副其实的千里眼，甚至可以称为万里眼。有代表性的预警卫星就是美国代号为647的早期预警卫星。在卫星上装有一个巨大的红外线望远镜探测器，探测器的镜头始终对准敌方的地区。镜头内的探测器可以以一定的速度围绕轴线转动，我们称它为扫描，以扩大它的监视范围，每隔10秒钟扫描一次。装有高分辨率的电视摄像机，在没有情况的时候，每隔30秒钟向地面发送一次图像，而一旦发现情况，如敌方的导弹发射时，摄像机自动向地面发送图像。在卫星上还有目标识别系统，可以识别是真目标还是假目标，甚至识别云层。美国人从1970~1982年发射了13颗预警卫星，一般由2~3颗卫星组成预警网。

## 世界第一颗海洋卫星

海洋星是美国也是世界上第一颗以海洋探测为主的卫星，于1978年6月27日发射。虽然该卫星由于电路故障只在轨运行了106天，有效工作时间只有70天，但仍获取了足够处理4年的大量海洋观测数据，有力地证明了海洋遥感的技术可行性，也揭示了卫星海洋学的广阔发展前景。

海洋星是地球观测技术和卫星海洋学发展历程中的一个重要里程碑，为以后研制的和计划的各国海洋卫星的技术设计、遥感器的配置以及卫星运行提供了宝贵的经验。

## 人造卫星应用实例

黄河究竟发源于何处？这个问题历来众说不一，教科书上也是含糊其辞。由于黄河源头地理条件复杂，人们虽经多次考察，但一直没能弄清楚。人造卫星遥感测量则给了我们肯定的回答：黄河源头之一是卡日曲，是以五个泉眼开始的，另一个源头是约古宗列曲，仅有一个泉眼。

又如，几个世纪以来，各国探险家曾对青藏高原的自然面貌进行过100多次的调查，但那里究竟有多少湖泊，仍没有搞清楚。现在有了卫星，人们对此了如指掌，知道高原上共有湖泊800多个。

卫星还被用来进行大地构造的研究，如当代流行的板块构造学说认为，整个地球的表面岩石圈，是由若干大小不同的板块拼合而成，板块与板块之间会发生相对的位移。但该学说的倡导者只是根据地质现象作出以上判断，拿不出确切的实测证据。后来，人们通过卫星大地测量，果真发现一些板块正以每年一到几个厘米的速度在相对移动。

卫星还被用于考古，它以敏锐的“视力”，从沙海茫茫的撒哈拉沙漠中，找到了20万年前已湮没的一条像尼罗河那样的大河；在哥斯达黎加密密的热带雨林中，发现了埋在地下的古代人行小道。人们还用卫星寻找早已失踪的古代城堡、巨大的陵墓……

卫星还被用于各种科研领域。譬如，用卫星搭载一些动植物，以确认其在太空环境下所可能引起的变化；利用卫星测试某些材料暴露在太空条件下的强度变化、使用寿命，等等。

卫星也被应用于其他一些领域。极光是一种地球物理现象，主要出现在极地的高空，并总是突然地出现，又突然地消失，致使人们很难掌握其变化的规律，对其形成的机理、内部的结构特征等等也均不甚了解。为了对极光现象进行深入研究，1989 年，日本特意发射了一颗被命名为“曙光”的极光观测卫星，结果首次发现，就像太阳会刮出被称为太阳风的高速等离子流一样，地球的两极也会出现等离子流——极风，正是这种极风与极光的出现有着密切的关系。

## 导航卫星

说到导航，最值得我们骄傲的就是指南针，它作为我国古代劳动人民的四大发明之一，不仅帮助我国古代人民远涉重洋同世界各国人民架起了友谊的桥梁，而且对世界文明的发展作出了贡献。根据指南针的原理做成的船舶导航仪器称为罗盘（磁罗盘）。刻度盘上的零度与航向标线之间的夹角称作航向角，表示船舶以地磁极为基准的方向。但是，由于地磁场分布不均，常使磁罗盘产生较大的误差。20 世纪初无线电技术的兴起，给导航技术带来了根本性的变革。人们开始采用无线电导航仪代替古老的磁罗盘。但是，无线电波在大气中传播几千千米过程中，受电离层折射和地球表面反射的干扰较大，所以，它的精度还不是很理想。

在航运发达的今天，每天都有数以百计的船舶航行在茫茫的海洋里。不幸的是全世界大型轮船中，每年都有几百艘在海上遇险。海难不仅给船只和乘员带来巨大的危险，而且常常给周围环境、海洋中的动物世界带来巨大的危害。虽然航海技术和设备在不断完善，但仍不能满足今天的要求。

正因为如此，人们请求卫星来帮忙。1958 年初，美国科学家在跟踪第一颗人造地球卫星时，无意中发现收到的无线电信号有多普勒效应，即卫星飞近地面接收机时，收到的无线电信号频率逐渐升高；卫星远离后，频率就变低。这一有

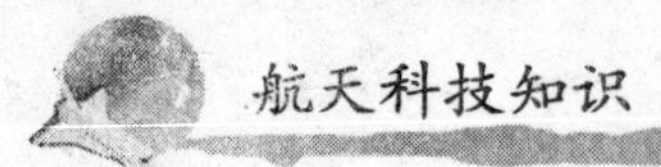


趣的发现，揭开了人类利用人造地球卫星进行导航定位的新纪元。

卫星定位导航，是由地面物体通过无线电信号沟通自己与卫星之间的距离，再用距离变化率计算出自己在地球或空间的位置，进而确定自己的航向。这种设在天上的无线电导航台，就是现在的导航卫星，也可以说是当今的“罗盘”。这种导航方法的优点主要是：可以为全球船舶、飞机等指明方向，导航范围遍及世界各个角落；可全天候导航，在任何恶劣的气象条件下，昼夜均可利用卫星导航系统为船舶指明航向；导航精度远比磁罗盘高，误差只有几十米；操作自动化程度高，不必使用任何地图即可直接读出经、纬度；导航设备小，很适宜在舰船上安装使用。于是，卫星导航系统应运而生了。随着技术的进步，这一系统逐渐运用到了地面、海洋、空中和空间各个领域。

这种为地面、海洋、空中和空间用户导航定位的人造地球卫星就是导航卫星。导航卫星属于卫星导航系统的空间部分。用户接收卫星发来的无线电导航信号，通过时间测距或多普勒测速分别获得用户相对于卫星的距离或距离变化率等导航参数，并根据卫星发送的时间、轨道参数求出在定位瞬间卫星的实时位置坐标，从而定出用户的地理位置坐标（二维或三维坐标）和速度矢量分量。

导航卫星发展的高级形态有美国全球定位系统（GPS）和前苏联全球导航卫星系统（GLONASS）。它们都是以是以卫星星座作为空间部分的全球全天候导航定位系统。GPS 采用 24 颗工作星和 4 颗备份星组成 GPS 空间星座。GLONASS 采用 21 颗工作星和 3 颗备份星组成 GLONASS 空间星座。

目前我国也有了自己导航卫星“北斗导航卫星定位系统”，是区域性有源三维卫星定位与通信系统，英文缩写 CNSS。它是继美国的 GPS、俄罗斯的 CLONASS 之后的第三个成熟的卫星导航系统。

## GPS

在电视中，我经常能看到执行任务的美军从口袋里掏出一块像手机一样的东西来确定方位；好多汽车上也都装有导航仪。这就是在利用 GPS。GPS 是英文 Global Positioning System 的缩写，意思是全球定位系统。

GPS 系统的前身是子午仪卫星定位系统（Transit），该系统于 1958 年研制，1964 年正式投入使用。尽管该系统无法给出高度信息，在定位精度方面也不尽如人意。然而它却验证了由卫星系统进行定位的可行性，为 GPS 系统的研制埋下了铺垫。

美国海军研究实验室（NRL）提出了名为 Tinmation 的全球定位网计划，并于 1967 年、1969 年和 1974 年各发射了一颗试验卫星，在这些卫星上初步试验了原子钟计时系统，这是 GPS 系统精确定位的基础。同样是出于定位考虑，美国空军提出了 621 – B——每星群 4 ~ 5 颗卫星组成 3 ~ 4 个星群的计划，该计划以尾随机码（PRN）为基础传播卫星测距信号，其强大的功能，当信号密度低于环境噪声的 1% 时也能将其检测出来。尾随机码的成功运用是 GPS 系统得以取得成功的一个重要基础。这里两个计划都是为了提供全球定位而设计的，同时研制两个系统会造成巨大的费用。所以 1973 年美国国防部将 2 者合二为一，由国防部牵头的卫星导航定位联合计划局（JPO）领导。

GPS 的主要目的是为陆、海、空三大领域提供实时、全天候和全球性的导航服务，并用于情报收集、核爆监测和应急通信等一些军事目的，它是美国独霸全球战略的重要组成部分。经过 20 余年的研究实验，耗资 300 亿美元，到 1994 年 3 月，全球覆盖率高达 98% 的 24 颗 GPS 卫星星座已布设完成。

全球定位系统（Global Positioning System）简单地说，这是一个由覆盖全球的 24 颗卫星组成的卫星系统。这个系统可以保证在任意时刻，地球上任意一点都可以同时观测到 4 颗卫星，以保证卫星可以采集到该观测点的经纬度和高度，以便实现导航、定位、授时等功能。这项技术可以用来引导飞机、船舶、车辆以及个人安全、准确地沿着选定的路线，准时到达目的地。

GPS 全球卫星定位系统由三部分组成：空间部分——GPS 星座；地面控制部分——地面监控系统；用户设备部分——GPS 信号接收机。

GPS 定位技术具有高精度、高效率和低成本的优点，使其在各类大地测量控制网的加强改造和建立，以及在公路工程测量和大型构造物的变形测量中得到了较为广泛的应用。

# 北斗卫星定位系统

2007年4月14日，我国成功发射了第一颗“北斗2号”导航卫星。2009年4月15日零时16分，我国在西昌卫星发射中心用“长征3号丙”运载火箭，成功将第二颗北斗导航卫星送入预定轨道。这次发射的北斗导航卫星（COMPASS-G2），是中国北斗卫星导航系统建设计划中的第二颗组网卫星，是地球同步静止轨道卫星。

北斗卫星定位系统是由中国建立的区域导航定位系统。该系统由四颗（2颗工作卫星、2颗备用卫星）北斗定位卫星（北斗1号）、地面控制中心为主的地面部分、北斗用户终端三部分组成。北斗定位系统可向用户提供全天候、24小时的即时定位服务，授时精度可达数十纳秒的同步精度，北斗导航系统三维定位精度约几十米，授时精度约100纳秒。“北斗1号”导航定位卫星由中国空间技术研究院研究制造。四颗导航定位卫星的发射时间分别为：2000年10月31日；2000年12月21日；2003年5月25日，2007年4月14日，第三、四颗是备用卫星。2008年北京奥运会期间，它在交通、场馆安全的定位监控方面，和已有的GPS卫星定位系统一起，发挥了“双保险”作用。

北斗卫星导航定位系统的基本工作原理是“双星定位”：以两颗在轨卫星的已知坐标为圆心，各已测定的卫星至用户终端的距离为半径，形成两个球面，用户终端将位于这两个球面交线的圆弧上。地面中心站配有电子高程地图，提供一个以地心为球心、以球心至地球表面高度为半径的非均匀球面。用数学方法求解圆弧与地球表面的交点即可获得用户的位置。

北斗1号卫星定位系统的英文简称为BD，在ITU（国际电信联合会）登记的无线电频段为L波段（发射）和S波段（接收）。北斗二代卫星定位系统的英文为Compass（即指南针），在ITU登记的无线电频段为L波段。

北斗1号系统的基本功能包括：定位、通信（短消息）和授时。

北斗二代系统的功能与GPS相同，即定位与授时。

# 地球空间信息学

地球空间信息学是以全球定位系统（GPS）、地理信息系统（GIS）、遥感（RS）等空间信息技术为主要内容，并以计算机技术和通讯技术为主要技术支撑，用于采集、量测、分析、存储、管理、显示、传播和应用与地球和空间分布有关数据的一门综合和集成的信息科学和技术。它是地球科学的一个前沿领域，是地球信息科学的重要组成部分，是数字地球的基础。

地球空间信息是有关地球能量流、物质流和人流的性质、特征和状态的表征与认知，对地球信息的研究形成地球空间信息科学。地球空间信息学是对地球空间信息的机理，信息的产生，信息获取和处理方法以及信息传播规律进行研究。

地球空间信息学不仅包含现代测绘科学的所有内容，而且体现了多学科的交叉和渗透，并特别强调计算机技术的应用。推动这门学科发展的动力有两个方面：一是现代航天、计算机和通讯技术的飞速发展为地球空间信息科学的发展提供了强有力的技术支持；另一方面全球变化和社会可持续发展日益成为人们关注的焦点，而作为主要支持技术的地球空间信息科学必然成为有限发展的领域。具体表现为：地球空间信息科学理论框架逐步完善，技术体系初步建立，应用领域进一步扩大，产业部门逐步形成。

地球空间信息学理论框架的核心是地球空间信息机理。主要内容包括：地球空间信息的基准、标准、时空变化、认知、不确定性、解译与反演、表达与可视化等基础理论问题。

以“3S”技术为代表的地球空间信息技术具有全数字、全自动、数据标准化等特点，能够顺利实现与各种通讯设备的接口。网络和通信技术在近几十年取得了令人鼓舞的飞速发展，特别是宽带网络技术、IP技术、WAP技术以及数字微波技术、卫星数据中继技术和调频副载波技术的发展为地球空间信息技术与之结合创造了必要的基础。其发展趋势可以概括为：公用骨干电信网向分组化、大容量化发展；接入技术向宽带化、无线化发展；移动通信向高码率发展；通信终端向多媒体和移动化方向发展。

RS、GPS 和 GIS 作为三种独立的技术已经在各行业部门得到广泛应用，而作为 3S 集成技术在国土资源调查中的应用还有一些关键技术需要解决，包括：

**集成界面**

一般遥感图像处理系统、GPS 数据接收与处理系统和地理信息系统都是独立的应用系统，必须根据功能需求从 3S 系统中抽取不同的模块，组合成无缝集成的界面。

**数据融合**

数据融合有两层含义。第一层含义是软件实现意义上的。3S 集成事实上涉及三种数据源。有影像、矢量和 GPS 的点位数据，这些数据的精度与表现形式都不一样。如何在一个系统中对多种数据进行存贮管理、融合处理以及可视化表现是技术问题的关键。第二层含义是数据处理意义上的。区域地质调查涉及的数据含地质、物探、化探、遥感、专家经验知识等多种数据来源，这些数据从不同的侧面反映同一地质体或地质现象。提出合适的数据融合算法，将有不同数据量纲、不同物理含义、不同数量级、不同来源的多源数据融合起来，是数据融合的第二层含义。

**卫星数据的选择和精度的考虑**

地质调查中最常使用的是 TM 数据。目前，新一代 TM 数据的全色波段分辨率已达到 15 米（Landsat7）。经过适当的影像融合处理，Landsat 7TM 分辨率都能达到这个指标。SPOT 经几何精纠正、影像融合等处理以后，可以用来做 1∶5 万地图修测。以 IKONOS 为代表的新一代高分辨率卫星影像的数据，可以达到城市规划的比例尺要求（1∶2000）。在区域地质调查的实际使用中，可以按照不同地质构造地区对精度的不同要求，选择 TM 或 SPOT，而在土地动态检测中，则需根据土地覆盖类型、比例尺等的不同，作相应的选择。

## 空间信息技术

空间信息最显著标志是地域性、多维结构特性和动态变化特性。随着计算机技术和数据获取技术的迅速发展，具有处理三维数据能力的三维空间信息技术的发展受到了极大的关注，被看成是世界上继生物技术和纳米技术之后，发展最为迅速的第三大新技术。其中，遥感技术（RS）与地理信息系统技术（GIS）是地球空间技术的核心内容。

人们对空间信息的理解、认识和分类也在不断丰富和完善。从二维表示到三维表示日益成为空间信息技术的主要发展方向之一，并趋向于对现实世界的增强表示与延伸——“虚拟地理环境”。近十年，地学领域关于三维空间信息采集、描述、组织、表达、建模、分析与可视化操作的研究与日俱增，形成了两大并行发展的支流。其一是以地球表面及其上自然地理实体、人工建构实体为研究对象的三维地理信息系统；其二是以地球表面及其下自然地质实体、人工开掘实体为研究对象的三维地学模拟系统。

从二维到三维，空间信息技术向我们展示了世界更加丰富和生动的一面。虽然维数只增加了一个，但基于此既可以包容几乎所有丰富的空间信息，也可以突破常规二维表示对形式的束缚，为更好地洞察和理解现实世界提供了多样的选择，对现实世界真实写景的理想，成为现实的那一天也似乎指日可待。

三维空间信息应用模式中最受瞩目的莫过于谷歌的 Google Earth。Google Earth 三维地图与影像服务为空间信息应用打开了新的思路，使普通公众使用 PC 或小型终端即可存取数百 TB 级别的空间信息，并能快速进行超大型数据库的搜索和超大范围的路径分析等功能。虽然 Google Earth，或是 Virtual Earth、World Wind 等相关产品，都还不具备基本的空间分析和大型数据库管理功能，但他们的强势发展已对传统空间信息行业产生了巨大冲击，同时也为空间信息的发展带来了很多新的用户和发展机遇。

在国外空间信息技术蓬勃发展的同时，国内也研发出了几个基础软件与应用平台，典型的代表有 2003 年度国产地理信息系统软件测评表彰的三维 GIS 软件：适普软件的 IMAGIS、吉奥公司的 CCGIS、灵图公司的 VRMap。这些软件在三维数据的可视化方面都各有所长，但相比二维软件来说，其三维建模、三维操作与三维分析方面的功能还有待提高。2004 年，北京国遥新天地公司研发了“EV - Globe 三维海量空间信息平台”崭露头角，提出“高速 3D 引擎”的概念，不仅可以在普通 PC 机上实现海量三维模型和影像的流畅漫游，还具备基于网络的海

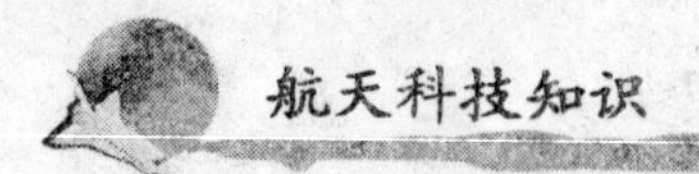


量空间数据管理、三维空间查询、分析和运算，以及全部二维 GIS 平台功能，同时 EV - Globe 还提供了开发接口。

可以预见，虚拟地球技术、分布式大型网络空间信息技术与传统的空间信息管理技术、空间分析技术相结合必将是下一代空间信息技术的发展趋势。空间信息新的三维产品就是顺应这个发展趋势，尤其在三维数据获取和海量数据动态可视化方面具有鲜明特色，呈现出良好的发展前景。但全球空间信息产业由此也面临大量更加复杂的问题和挑战，如数据量急剧增加、空间关系错综复杂、真实感实时可视化等。当前，基于三维空间信息技术的研究实践在空间数据的复杂分析与决策支持方面的能力还较弱，三维空间信息的网络化与标准化等问题也有待进一步深化和完善。

## 中国电子情报卫星计划简介

2003 年 10 月 16 日，中国航天员杨利伟在内蒙古草原安全着陆的那一刻，中国骄傲地向世界宣布：首次载人航天飞行取得圆满成功！“神舟”五号飞船返回舱的顺利回收无疑是中国人的一项伟大成就，杨利伟及“神舟”五号返回舱也因此成为世界关注的焦点。然而，一些军事专家们却把目光投向了依然遨游在太空的“神舟”五号轨道舱，并对其携带神秘装备议论纷纷、浮想联翩。据这些专家判断，“神舟”系列飞船轨道舱是中国电子情报卫星发展计划中的一个重要布局，“神舟”飞船轨道舱将赋予中国崭新的航天情报搜集能力。

**“神舟”飞船轨道舱猜想**

“神舟”飞船是根据“921 - 1 载人航天工程”由上海航天技术研究院制造的。在载人宇宙飞船的发展历史上，世界各国曾走过相似的途径。早期的飞船都是采用两舱设计，如前苏联的“东方”号、“上升”号，美国的“双子座”号飞船。只有在技术较为成熟的条件下，才可能使用技术更为复杂的三舱设计并保证其安全性。美国“阿波罗”号飞船和前苏联、(俄罗斯)“联盟”号飞船等第三代飞船都是按三舱方式设计的。负责飞船整体设计的中国空间技术研究院大胆提出不走苏美载人航天发展的老路，实现技术大跨越，直接研制国际上第三代飞船的设想并得到采纳。该研究院还提出了独具中国特色的载人飞船“三舱一段”方案，即推进舱、返回舱、轨道舱和附加段组成的飞船方案，轨道舱在最上面，返回舱在中间，推进舱在最下面。

轨道舱位于飞船的前部，为密封结构，其外形为两端带有锥角的圆柱形，在两侧各装有可绕单轴旋转的太阳电池阵，在外部还装有太阳敏感器和各种天线等。在执行交会对接任务时轨道舱前部安装一个对接机构。在不执行交会对接任务时，轨道舱前端安装的是附加段。由于前五艘“神舟”飞船都没有对接任务，因此，轨道舱前端安装的是附加段。然而，就是这个神秘的附加段引起外界的广泛猜测。

2000年，中国曾公开展示“神舟”飞船的缩小比例模型，从模型中可以发现，“神舟”飞船轨道舱的前端安装有一个矩形盒（0.95米×1.13米×0.8米），并从这个盒子顶端伸出3根长0.4米的可伸缩性天线杆。底端则是内径为1.1米的半圆形环状物，弧圈上连接着入口朝向地球的7根矩形管。这种奇特的造型引起了军事专家们的强烈兴趣，究竟这些设施为何物？它们将起何种作用？人们无从得知。

正当人们对“神舟”一号轨道舱的奇特外形百思不解之际，2001年1月“神舟”二号飞船成功发射上天。中国的官方电视台播放了飞船在太空运行的模拟动画，这次播放的画面让早就留意上“神舟”飞船轨道舱的西方军事专家们欣喜若狂，因为他们从画面中清晰地看见：从轨道舱的矩形盒上伸出3根天线杆，这些可伸缩性天线杆的顶端还带有与其垂直的、由7根偶极天线（编者注：由直线向外延伸的两根相同的杆组成，信号常从中间反馈）所构成的八木天线（注：八木天线是一种定向信号接收天线，由与水平的避雷针平行的几个偶极天线和绝缘平面组成，常用作收音机或电视的天线，因日本电气工程师八木秀次而得名）。八木天线的长度超过1米，并且指向地球。军事专家们立刻明白，轨道舱所携带的这些设备及天线是用于接收电子信号的。

2002年3月25日，“神舟”三号发射升空。次日，中国电视台又播放了轨道舱与返回舱分离的画面，从这画面可以更清晰地看见3根天线杆长度超出太阳能电池板约1米左右，根据电池板的长度推测，3根天线杆长约4.5米。

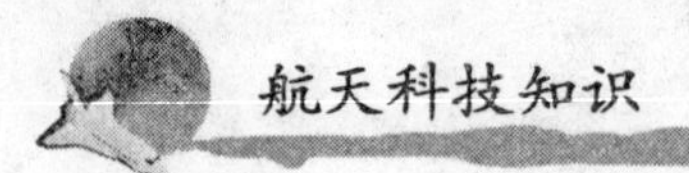


这些画面使军事专家们确信：这些奇怪的设备是用于电子情报搜集！在众多专家的分析中，要数瑞典军事专家西文·格拉汉对这些电子情报设备的推测最为全面、合理。据他分析，偶极天线平均约0.5米长，最短的长约0.15米，适用于截获从300～1000兆赫频率的电磁信号。

3根八木天线经过线性极化形成三个极化面，其中一个极化面垂直于另外两个相互平行的极化面。其工作原理是：以两个平行面天线作为干涉仪，而与这两个面垂直的极化面用以判定所接收电波的极化程度，通过三角波形的测量可以计算出所截获电波的方位。

而环绕在半圆形物体弧圈上的7个矩形管很可能是一种波导管（注：波导管是一种波导物质边界装置，形状是一根固体电介质杆或充满电介质的管状导体，能够导引高频电磁波），可以用来收集波导束或者反射波导辐射，以探测（定位及定性）毫米级雷达或其他电子传输信号。由于最外面的波导管与所指向的地平面成12度角，因此可以获得有限的超地平面侦察能力。然而，由于受到“神舟”飞船轨道（350千米轨道）及倾角（42.4度）的限制，纵然有超地平面侦察能力，“神舟”飞船的电子情报接收设备只能接收到环绕中国西部及南部国家和地区的信号，如我国台湾地区的信号，却无法探测俄罗斯及日本北部的电子信号。

“神舟”飞船的轨道舱由北京航天指挥及控制中心指挥，在山东青岛、福建厦门和新疆喀什的地面跟踪站将对飞船进行监控。“神舟”飞船的电子情报设备探测到信号数据后将把它们储存在卫星的大型存储系统中，待卫星飞临中国上空时迅速将数据传输到地面站。设在中国西部边陲的喀什地面站是最先能够接收“神舟”飞船数据的基站，然而，只有在紧急情况下，喀什地面站才会下载这些情报数据。正常情况下，飞船搜集的大量信号情报将传输给西安卫星控制中心及北京航天指挥及控制中心，由它们负责后续的处理工作。

由于“神舟”五号轨道舱前端的外形与前4艘有所不同，因此，外界估计“神舟”五号携带有其他不为人知的装备。有报道称，“神舟”五号轨道舱携带有光学侦察镜头，对地面目标的分辨率为1.6米。自2001年1月以来，中国已经发射了5艘“神舟”系列飞船，每个轨道舱都相当于一颗卫星，其工作时间大约为8个月。因此，在过去3年近三分之二的时间里，中国已经具有电子情报搜集能力。

### 前三代电子侦察卫星

“神舟”飞船引起了人们对中国电子情报搜集能力的关注，实际上，中国自20世纪70年代就已经开始研制电子侦察卫星。只是由于这些卫星的侦察结果从未公布于众，而且其研制过程在相当长的一段时间内处于停滞状态，所以，中国的电子侦察卫星发展计划几乎不为人所知。

1969年8月14日，中国总理周恩来批准了“701工程”及风暴-1号（FB-1）运载火箭发展计划。其中“701工程”便是研制电子侦察卫星，中国起初把它称之为“技术实验卫星”。经过几年的研究与探索，上海航天局终于在70年代初研制出中国第一代电子侦察卫星，并制造了3颗这种卫星。

1975年7月26日，在酒泉卫星发射中心，风暴-1号运载火箭把首颗技术实验卫星（1975-70A）送上了天空。其轨道特性为：近地点高度184千米，远地点高度461千米，倾角69度，轨道周期91分钟。这颗卫星经过50天的运行于1975年9月14日正常陨落地球。

第二颗技术实验卫星（1975-119A）于1975年12月16日发射升空，其运行轨道类似于第一颗技术实验卫星：近地点高度为187千米，远地点高度为380千米，倾角68.9度，在轨道运行42天后，于1976年1月27日陨落地球。这两颗技术实验卫星使用的都是近地轨道，中国主要用它们搜集前苏联的雷达及防空系统数据。

第三颗技术实验卫星（1976-87A）于1976年8月30日发射升空。与前两颗技术实验卫星不同的是，它使用的是椭圆轨道，近地点高度为194千米，远地点高度为2030千米，倾角69度。这使得其侦察范围和使用寿命都大为改善。在轨道运行817天后，第三颗技术实验卫星于1978年11月25日正常陨落。

1976年9月后，中国的技术实验卫星研究项目曾一度陷于停滞状态，由于FB-1火箭的发射成功率只有60%，上海航天局继而把精力主要投向研制长征-2号火箭（CZ-2）。

1981年9月20日，风暴-1号运载火箭携带着3颗实践-2号系列卫星(SJ-2A、SJ-2B、SJ-2C)起飞，并将3颗卫星进入预定轨道。此次发射意义重大，它是风暴-1号执行的最后一次发射任务，而且是“一箭三星”发射任务，中国因此成为世界上第三个掌握“一箭多星”发射技术的国家。另外，此次发射标志着中国第二代电子侦察卫星——实践-2号系列卫星正式投入使用。

实践-2号的运行轨道为：近地点高度237千米，远地点高度1622千米，轨道倾角59.4度，运行周期103分钟。它的主要任务是探测空间物理环境、试验太阳能电池板对日定向姿态控制和大容量数据存贮等新技术。主星（SJ-2A）外形为八面棱柱体，其外接球直径为1.23米，高1.1米，重250千克，携带了11种探测仪器，肩负着科学探测与新技术实验任务。最值得一提的是此颗卫星有大容量数据储存系统，卫星从世界各地采集的数据信号先储存在卫星里，当卫星经过中国的地面站上空时才把数据信号传输回地球，其传输的频率为160兆赫。

SJ-2B卫星的有效载荷是一个重28千克的被动雷达校准器。它包括一个直径为4米的镀铝表面球体，可用作导向光标。球体还通过长600米的丝带与一个直径为0.45米的金属球相连，用于雷达校准。喀什的地面控制与跟踪站成功地监测到这个金属球并进行了雷达校准。

SJ-2A卫星及SJ-2B卫星于1981年9月26日正常陨落，而SJ-2C卫星在太空的使命于1982年8月17日才结束。SJ-2C装备有一个信标传输器（以40.5兆赫和162兆赫频率传输）用来测量电离层带电粒子的浓度对电波传输的影响。很明显，由三颗实践2号卫星组成的星座不仅能测定无线电波的发射方位，还能记录下这些信号并把它传送回地球的基站。

1990年9月3日，中国发射了两颗大气-1号微型卫星，人们通常把此类卫星归类为中国的第三代电子情报卫星。这两颗大气-1号卫星与风云气象卫星一起由长征-4号火箭同时发射。三颗卫星被置于同一环形轨道，轨道近地点与远地点分别为90千米和800千米，倾角99度，运行周期为102分钟。大气-1号卫星（DQ-1A和DQ-1B）仅重4千克。虽然没有明确的资料透露这些卫星携带了何种侦察设备，但军事专家认为，从这些卫星的轨道特性可以判定它们是用于搜集电子情报。

### 前进中的阻力

美国在电子侦察卫星的设计与制造方面一直处于世界领先地位，目前正在使用的“猎户座”同步轨道电子侦察卫星装备有直径超过100米的拦截天线，制造及发射此卫星的花费高达15亿美元。身为发展中国家的中国并无足够的科技实力及财力来制造并维持此种卫星系统，但以实用主义为原则的中国还是拥有了自己的电子情报卫星，虽然这颗卫星只有直径为几米的天线，与美国70年代使用的“流纹岩”电子侦察卫星属于同一个档次。

天线的规模与质量决定了电子侦察卫星的侦察能力。为此，中国很早就试图获得卫星大型天线的制造与使用技术。由于国际上一些商用通信卫星的天线长度能够达到10~15米，这使得中国的技术及工程人员有机会通过商业途径接触大型天线技术，并且利用这些通信卫星来拦截特殊种类的电子通信。

这种可能性早就得到证实。20世纪90年代，当几家中国官方航天及通信企业（包括中国卫星发射与监控中心）组成联合体，准备共同出资向亚太移动通信卫星公司购买休斯公司制造的两颗HSGem卫星时，美国政府表现出严重的忧虑。

1998年5月，中国航天企业联合体与亚太移动通信卫星公司（APMT）签订了价值为6.5亿美元的合同，合同内容包括：提供两颗HSGem型卫星（1颗工作星，1颗备份星），5个信关站，1个网络操作中心，1个卫星操作中心，以及首批7万个用户终端。HSGem卫星是以HS-601为蓝本设计的，它使用长达12.25米直径的大型L频段天线来形成点波束，因而能向特定地区进行大功率的信号发射，适用范围包括西至巴基斯坦，北至日本，南至印尼的共22个国家。HSGem卫星可提供约7千瓦的功率，L频段用于移动用户通信链路，Ku频段用于信关站链路。L频段有260个点波束，可同时支持16000条话路。移动手持机有两个用途：既可利用卫星进行通信，又可通过GMS协议作为地面蜂窝电话的手持机。这种手持机还可作为GPS接收机。第一颗卫星（称为APMT-1）原定于2000年用中国长征-3B火箭发射。太空中充斥着各种频率与各种波长的电磁信号，为了避免不同频率信号的干扰，HSGem卫星的天线通过技术处理只用于接收经设定的、与地面基站同等频率及波长的数据信号。此外，为了减少使用同等频率及波段卫星的信号干扰，卫星天线还使用了一种叫做“左循环极化”的技术，使其信号具有独有的特征。卫星将不会接收右循环极化、垂直极化、水平极化或未经过极化的信号。这种技术从另一个角度而言，将限制 HSGem 卫星的信号搜集能力，限制其用于电子侦察的能力。然而，合同签署后美国国防部官员立刻表示反对。他们指出，中国可能会对此卫星进行改进，使卫星能够监听亚太地区的移动电话通信，并把这些通信信号传回中国。

1998 年 6 月 18 日，美国国会授权成立考克斯委员会对中国使用谍报手段偷窃美国核、导弹及空间技术的指控进行了全面调查。该委员会在 1999 年 1 月 3 日向国会提交了绝密报告，其公开版本于 5 月 25 日发布，其中说道："与其他通信卫星不同……此种卫星使用大型天线阵列，因此有理由怀疑，此种卫星有可能被改装，用于电子情报搜集。这将使中国有能力对其周边国家的卫星通信进行窃听。"

《考克斯报告》还猜测中国试图利用休斯公司的卫星技术来支持本国的电子情报卫星发展计划，报告中说道："休斯公司的销售合同将帮助中国掌握大型天线结构布置技术，这可能会帮助中国发展自己的电子侦察卫星。用于展开大型天线的机械装置在过去是对华禁售的，然而，任何近距离的目视或与休斯公司工程技术人员的私下交谈都有可能使此项技术泄露。鉴于休斯公司所出售的卫星所使用的天线比过去任何一个西方国家所出售给中国的卫星天线都要大得多，我们有理由相信，中国将寻求利用亚太移动通讯卫星的技术来发展其未来的电子情报卫星。"

1999 年 2 月，美国国务院正式否决向休斯公司颁发卫星出口许可证，中美卫星合同被迫取消。中国政府转而寻求向欧洲卫星生产厂商购买与美国休斯公司 HSGem 卫星相似的通信卫星，并有可能最终获得此种既能提供移动通信又能截收其他卫星信号的地球同步轨道卫星。

**争夺信息战制高点**

据国际军事学者透露，中国正在对多种电子情报卫星方案进行试验，其中包括单星、双星、三星或星座电子情报卫星方案。此外，中国还通过在其他卫星上搭载电子侦察设备的方式对电子侦察系统进行试验。在中国已经发射的众多照相侦察卫星、通信卫星、各种技术实验卫星及"神舟"系列载人飞船中都很可能安装了电子侦察设备。

中国的电子情报卫星发展计划虽然极为保密，但也并非无迹可查。自1990年代中期以来，有许多迹象表明上海航天技术研究院正在进行一项电子侦察卫星发展计划，而中国另外一家科研单位——西南电子设备研究所则在研制安装在卫星上的电子情报接收设备以及用于电子侦察飞机的电子情报吊舱。

1995～1996年间，中国国内科研刊物有大量关于卫星电子侦察系统的论文发表，这表明中国的科研人员对电子侦察设备的研究进入高峰期。例如，上海航天技术研究院第509研究所负责卫星电子侦察系统开发的一名关键性工程师袁小康（音）于1996年发表了《卫星电子侦察与反干扰》及《空间电子侦察的几个问题》两篇文章。1995年，西南电子设备研究所的一个工程师于《电子战技术》杂志发表《卫星精确定位天线阵列的发展》。这些科研人员在卫星电子侦察设备领域进行的研究绝不可能是单纯的个人行为，他们所属的研究所肯定正在从事卫星电子侦察领域的研究，而且极有可能与“神舟”飞船所使用的电子侦察天线及接收设备研究有关。1999年，一名美国陆军官员曾根据情报判断，上海航天技术研究院至少正在考虑发展一项电子侦察卫星多星组网方案，这种方案将提高中国电子侦察卫星的精确定位能力和使用寿命。

在2002年11月上旬举行的珠海航展上，中国空间技术研究院宣布将建立由6颗卫星组成的新侦察网。中国将从2004年开始发射4颗成像卫星和2颗雷达卫星，中国还将为导航、通信和成像等任务发射一系列小卫星。

与航空母舰计划不一样，中国的空间计划得到了中央与军队高层的全力支持，虽然耗资巨大但进展迅速。军事专家们注意到，虽然中国研制雷达卫星的计划是在1996年才正式宣布，但中国绝不可能从那时才开始着手此计划。中国新雷达卫星所能达到的解析度仍是个未知数，但有关专家推测，中国卫星能提供的解析度在1～5米左右，10米以下的清晰度足以完成诸如发现美国第7舰队或中国台湾海空军力量等战略任务，两个雷达卫星将使中国军方领导人每天都能看到亚洲地区的情况。

在珠海宣布的这个消息，强调了这些新卫星的民间用途。然而，毋庸置疑的是，中国人民解放军将充分利用新卫星进行太空侦察。引起人们瞩目的一点，是中国正加速仿效美国和俄罗斯利用空间进行军事活动，并使敌人无法利用空间。

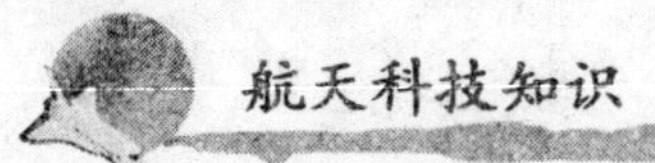



中国在卫星和反卫星方面的努力也表明，中国正广泛制定信息战原则，以此保护和利用电子信息资源，并在同时攻击敌人的信息系统，或不让敌人利用信息系统。中国的军事规划人员懂得，未来战斗的胜负将由信息的控制权来决定，而太空则是信息战的制高点，谁能取得太空信息优势，谁就能在未来的信息战中立于不败之地。

电子侦察卫星又称电子情报卫星、电磁探测卫星。它是伴随着电子对抗的发展而出现的一种新型电子侦察工具。在这种卫星上装有侦察接收机和磁带记录器。当卫星飞经敌方上空时，它将各种频率的无线电信号和雷达信号记录在磁带上或贮存于电子计算机里，在卫星飞经本国地球站上空时再把储存的数据以快速通信方式传回。它的主要用途有两个：一是侦察敌方雷达的位置和所用频率等性能参数，为战略轰炸机、弹道导弹突防和实施电子干扰提供数据；二是探测敌方军用电台和信号发射设施的位置，以便于窃听和破坏。通过对电子侦察卫星所获情报的分析，还可进一步揭示敌方军队的调动、部署乃至战略意图。

电子侦察卫星一般选择圆形或近圆形轨道。为了兼顾定位精度和卫星长期工作的要求，单星定位制电子侦察卫星的轨道高度一般在400～500千米。多星定位制电子侦察卫星的轨道高度一般在100千米以上。

为了避免或减少“侦察空白”，电子侦察卫星往往采用多星组网的方法。比如前苏联的电子侦察卫星就是采用“一箭八星”的办法，一次发射8颗卫星，在同一个轨道面内等间距地布放，以实现对地面电子信号的连续窃听。

自1962年5月发射世界上第一颗电子侦察卫星以来，美国至今已发展了四代电子侦察卫星。第一代为低轨道卫星，第二代至四代主要为地球静止轨道和大椭圆轨道卫星。冷战结束后，随着世界政治格局的变化和卫星技术的进步，早期发展的第二代“峡谷”、“流纹岩”以及第三代“小屋”、“旋涡”、“猎户座”、“大酒瓶”、“折叠椅”等电子侦察卫星，已先后停止发射并陆续退役（虽然有些卫星，如“大酒瓶”仍然发挥着重要作用）。目前，美国主要使用第四代电子侦察卫星，包括“水星”、“顾问”、“命运三女神”和“号角”等。

“水星”是美国空军的静止轨道电子侦察卫星，主要用于截获通信情报。它不但能侦听到低功率手机的通信信号，还可以收集导弹试验时的遥测、遥控信号，以及雷达信号等通信电子信号。该星由休斯公司承造，采用长约100米的新型特种天线。

“顾问”卫星是美国中央情报局的地球静止轨道电子侦察卫星。该卫星采用大型接收天线，可接收的最小地面信号的强度是低轨道卫星的五千分之一。在常年值守的电子侦察装备中，静止轨道电子侦察卫星有较多的优势：卫星轨道越高，地面覆盖面就越宽，时效性也越好。所以，美国很重视发展这类卫星。

美国目前也在使用低轨和大椭圆轨道电子侦察卫星。例如，用于侦察雷达等电子设备无线电信号的“命运三女神”就是低轨道电子侦察卫星，它运行在高度454千米、倾角63.4度的圆轨道，工作时3颗卫星为一组，组内各星保持约50千米的距离，星间可相互进行光通信，用4组星就可以完成全球无缝隙监视。

由美国空军和中央情报局联合使用的“号角”卫星是20世纪90年代研制的，从1994年至今已发射了至少3颗。该卫星由休斯公司研制，重5~6吨，天线直径100米，运行在近地点360千米、远地点36800千米的大椭圆轨道上，主要任务是把窃听范围扩大到包括俄罗斯和中国北部在内的高北纬地区。它吸收了当今军用航天系统中最先进的电子技术和数传技术，配备了极高频中继系统，装有复杂而精细、展开后足有一个足球场大的宽频带相控阵窃听天线，可同时监听上千个地面信号，包括俄罗斯与其核潜艇舰队之间的通信。

电子侦察卫星现正日益受到各军事大国的青睐，但也存在不少问题。例如，它无法有效侦听到地下有线通信的信号、情报处理速度较慢、易受电子对抗措施的影响，等等。为此，美军正在加紧研制第五代新型电子侦察卫星，并取得了突破性进展。

第五代电子侦察卫星“入侵者”是美国“集成化过顶信号侦察体系”（10SA）的组成部分，是利用天基网的发展思路和新设计理念研制的，目的是提高电子侦察质量，降低系统成本。它具有多轨道能力，可代替当今静止轨道和大椭圆轨道的卫星并集通信情报和电子侦察于一身。

美国还在研制具有一定隐身特征的“徘徊者”静止轨道电子侦察卫星和“奥林匹亚”（SB－WASS）低轨道电子侦察卫星。前者用于侦察、定位战略目标，后者用于海军、安全局等部门的电子侦察一体化计划。

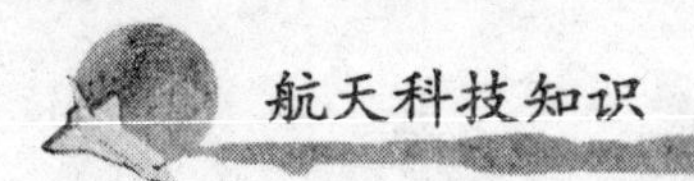


不过，考虑到资金等问题，美国国家安全局和国家侦察局已决定暂时不再投资建造新一代电子侦察卫星，而是在目前在役的10SA－1的基础上进行改进，未来几年主要以“猎户座”地球同步轨道卫星为基本型进行改进。国家侦察局将在一项称为“先进电子情报体系结构”的研究中继续研究改进电子侦察卫星的方法。在研制新型电子侦察卫星的过程中，重点是要不断发展超大型天线技术。因为这种卫星天线很大，所以其收拢、展开和变形等处理技术很复杂。

电子侦察卫星正向多功能、长寿命、实时性强和适应范围广等方向发展。进一步增强星上电子侦察设备的信号处理能力与处理速度，提高电子侦察卫星的抗干扰能力、变轨能力及抗摧毁能力，是美军电子侦察卫星的发展趋势。

## 我国遥感卫星

遥感卫星和地球资源卫星的性质是一致的，只是它工作寿命短，只有5～15天，但是可以回收。卫星上的可见光照相机等遥感仪器，能获得大量对地观测照片，具有分辨力高、畸变小、比例尺适中等优点。可广泛应用于科学研究和工农业生产领域，包括国土普查、石油勘探、铁路选线、海洋海岸测绘、地图测绘、目标点定位、地质调查、电站选址、地震预报、草原及林区普查、历史文物考古等多个领域。

1975年11月26日中国首次发射返回式遥感卫星，1992年8月9日下午4时，发射了一颗工作寿命已延长到15天的返回式遥感卫星。

中国和巴西联合研制的中巴地球资源卫星即资源一号卫星，于1999年10月14日发射成功。

经过在轨测试后转入应用运行阶段。由北京、广州和乌鲁木齐三个地面接收站，接收该卫星获取的我国境内的遥感数据，所接收影像的地面分辨率分别有：19.5米、78米、256米三种。

2006年4月27日，中国在酒泉卫星发射中心用“长征4号B”运载火箭成功将“遥感卫星1号”送入太空。美国称“遥感卫星1号”是合成孔径雷达侦察卫星，并称其为“尖兵5号”。

2007年5月25日，中国在酒泉卫星发射中心用“长征2号D”运载火箭成功将“遥感卫星2号”送入太空。美国把“遥感卫星2号”称为“尖兵6号”。

2007年11月12日，中国在太原卫星发射中心用“长征4号C”运载火箭成功将“遥感卫星3号”送入太空。“遥感卫星3号”由中国航天科技集团公司研制，主要用于科学试验、国土资源普查、农作物估产和防灾减灾等领域。美国把“遥感卫星3号”称为“尖兵7号”。

2008年12月1日12点40分，中国在酒泉卫星发射中心用“长征2号D”运载火箭成功将“遥感卫星4号”送入太空。“遥感卫星4号”由中国航天科技集团公司研制，主要用于科学试验、国土资源普查、农作物估产和防灾减灾等领域。美国把“遥感卫星4号”称为“尖兵8号”。

2008年12月15日11时22分，中国太原卫星发射中心用“长征4号B”运载火箭将“遥感卫星5号”成功送入太空。“遥感卫星5号”由中国航天科技集团公司研制，主要用于国土资源勘查、环境监测与保护、城市规划、农作物估产、防灾减灾和空间科学试验等领域的数据采集和传输任务。美国把“遥感卫星5号”称为“尖兵9号”。

2009年4月22日10时55分，中国在太原卫星发射中心用“长征2号C”运载火箭成功地将“遥感卫星6号”送入太空。这次发射的“遥感卫星6号”是由中国航天科技集团公司所属上海航天技术研究院研制生产。卫星主要用于国土资源勘查、环境监测与保护、城市规划、农作物估产、防灾减灾和空间科学试验等领域，将对中国国民经济发展发挥积极作用。用于发射的“长征2号C”运载火箭是由中国航天科技集团公司所属中国运载火箭技术研究院研制，此次发射是长征系列运载火箭的第一百一十七次飞行。

## 双星计划及其意义

双星计划是我国第一次以自己提出的探测计划并开展国际合作的重大科学探测项目。双星计划与欧空局ClusterII的4颗卫星相配合，在人类历史上第一次进行地球空间“六点探测”，开始了地球空间天气多层次和多时空尺度研究新阶段。

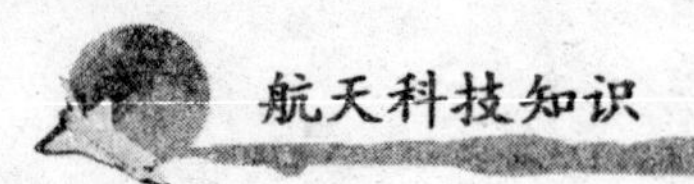


双星计划主要研究太阳活动和行星际搅动触发磁层空间暴和灾害性地球空间天气的物理过程，进而建立磁层空间暴的物理模型，地球空间环境动态模型和预报方法。

双星计划包括两颗小卫星：近地赤道卫星，轨道高度 577 ~ 78916 千米和近地极区卫星，轨道高度 558 ~ 38362 千米。赤道卫星将探测近地磁尾区的磁层空间暴过程及向阳面磁层顶区太阳风能量向磁层中的传输过程；极区卫星将探测太阳风能量和近地磁尾区能量向极区电离层和高层大气的传输以及电离层粒子向磁层中的传输过程。

这两颗卫星运行于目前国际日地物理计划（ISTP）探测卫星尚未覆盖的地球空间重要活动区。赤道卫星和极区卫星相互配合，构成具有明显创新特色的星座式独立探测体系，可以对地球空间暴发生机制和发展规律进行立体探测。

“地球空间双星探测计划”的轨道设计和科学目标，正是当前国际上日地空间物理发展所需求的，因而受到了国际空间物理界的重视，并主动表示积极与双星计划进行合作。1997 年 11 月欧空局科学代表团访华期间，欧空局科学部主任 R. Bonnet 和 CLUSTER2 项目科学家对双星计划进行了认真的评议，指出：“中科院空间中心提出的双星计划将会对正在实施的国际日地物理计划（ISTP）作出重要贡献，对于提高欧空局 CLUSTER2 项目的科学意义也是至关重要的。”

**双星探测计划的重要意义**

双星和 Cluster 四点星座计划结合，是空间物理学发展史上第一个以磁场 - 等离子体系统多尺度相互作用和地球空间三维时 - 空变化为目标的探测和研究计划。它为进行重大原创性研究提供了广宽的研究空间，可将我国日 - 地物理学研究推向国际前沿，对推进我国空间探测技术跨越式发展、提高我国空间物理研究和空间天气预报的创新能力具有重要意义。

（1）全面了解地球空间环境连锁变化的物理过程。

（2）通过双星计划的实施，除获得双星的大量科学数据外，还可获得 ClusterII 四颗卫星（44 台仪器）的探测数据和与 ClusterII 相配合的 30 个地面站的观测数据，以及国际其他卫星的探测数据，揭示地球空间等离子体与磁场的三维小尺度结构及多尺度相互作用的物理图像。

(3) 提供空间物理和等离子体物理研究的“空间实验室”，推动太阳物理、磁流体力学、特别是等离子体物理学和天体物理学等相关科学研究以及行星空间环境比较研究的发展。

(4) 人才培养。通过本项目研究，可培养一支熟习空间探测技术、数据处理与分析和理论研究的、水平高、人数多的年轻科技队伍，并锻炼和涌现出一批具有国际影响和知名度的、为我国空间科学技术和等离子体物理学的发展作出杰出贡献的优秀人才。

(5) 建立我国的星—地联合观测系统。双星计划与“亚太合作小卫星计划”和地面“子午链工程”相配合，形成我国的星—地联合观测系统。这对我国的空间物理和空间环境研究和发展将起重要作用。

本项目的实施可为保障我国航天活动的安全提供科学数据、科学依据和对策。

地球空间是各种应用卫星（气象卫星、通信卫星、资源卫星、导航定位卫星等）、航天飞机与空间站的飞行区域，是目前人类开发和利用太空资源、进行太空军事进攻与防御的主要活动领域，同时也是主要的灾害空间天气的直接发生地。地球空间暴是空间天气研究的核心内容。本项目可为空间天气预报建立理论基础，提供预报方法和模型，为我国今后空间天气地基和空间观测网重大工程的建设进行概念准备。

通过双星计划，提高我国与欧洲空间局空间合作层次和开拓合作范围，显示我国的实力和水平，提高我国在国际空间物理界的地位和作用，这对打破国际上单极垄断的局面，具有重要战略性意义。

## 地球观测卫星

人们希望探索宇宙的奥秘，但是更需要了解地球，因为地球上发生的各种变化直接影响我们的生存。所以世界各国发射的航天器中，许多是专门用于监视地球环境的，它们被称为“地球观测卫星”。

气象卫星是最常见的地球观测卫星。它们通过可见光、红外线等不同的传感

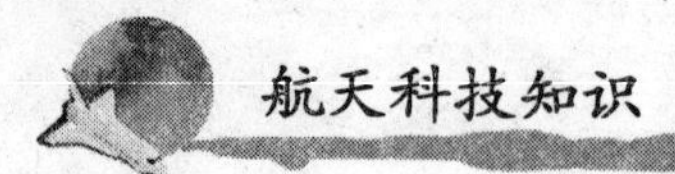


器，密切注视大气层的风云变幻，为气象工作者提供天气预报所需的各种信息依据。

地球表面十分之七是海洋，海洋卫星专门观测海流动向、海温变化和海冰情况，还能帮助渔民寻找鱼群。

资源卫星用多光谱仪器（包括雷达）对广阔的大地进行勘探，不仅能查明地下矿藏，还能找到撒哈拉沙漠下面的古河道和古代玛雅人建造的水渠网。你甚至可以花钱请卫星从高空拍下你家院子里的景观呢。

由于地球上污染严重，如今又有一批专门监视环境变化的卫星上天。例如，有几颗卫星的主要任务是调查氯氟烃对臭氧层的破坏程度。

当然，军事侦察卫星也是一种地球观测卫星。

地球观测卫星承担了许多事关国计民生的重任。它们还负责监视庄稼病虫害、估算世界范围的粮食产量、侦查森林火灾，甚至能为警方找到犯罪集团偷偷种植的罂粟等毒品植物。

## 紫外天文卫星

1946 年 10 月，美国发射了一枚高空火箭，人类第一次获得了太阳紫外光谱。从那以后，世界上有不少国家利用高空火箭，探索来自天空的紫外线。20 世纪 50 年代末，火箭记录到天空背景的紫外光谱。20 世纪 70 年代是紫外空间观测进展最快的 10 年，从“轨道天文台”3 号、“荷兰天文卫星”到技术先进的“国际紫外探测器”接连上天，获得大量紫外信息。

那么为什么要发射这些紫外天文卫星呢？这是由于两方面的原因：一是因为地球大气层像过滤器一样，差不多全部吸收掉来自宇宙的 3000 埃以下的致命的紫外辐射。除对于波长在 91．2～300 纳米的紫外线，尚可用能达到 50 千米高的高空气球进行观测外，其他短波紫外必须利用人造卫星。二是因为宇宙天体发出的大量信息都在紫外波段，天文学的很多理论工作必须得到紫外观测的验证。例如“荷兰天文卫星”进行了紫外光谱多普勒频移的观测分析，通过比较不同距离处类星体的频谱，来验证在几百年中宇宙膨胀速度有无变化。另外，太阳紫外线对人造卫星的寿命以及对宇航员的身体都有严重影响，只有了解它，才能掌握它，防止它。

## 人造侦察卫星

由于工业生产飞速发展和人口不断增加，人类对于各种自然资源的需要量越来越大。然而，由于受到自然条件的限制，极其丰富的自然资源到现在还沉睡在人迹未到的深山密林、茫茫沙漠和浩瀚大洋之中。这就迫切要求我们采用有效的方法去勘测那些资源。用人造卫星去勘测地球资源就是一种有效的方法。我们把这种卫星称做地球资源卫星。

地球资源卫星可以勘测地球上所有地区的资源，而不受地形等自然条件的限制。同时，地球资源卫星还可以在不同的季节对同一地区进行反复勘测，这十分适合于对一些随季节变化的农作物等进行观测。

地球资源卫星离地面的高度一般在700千米左右，这样的高度比飞机的飞行高度大上百倍。用地球资源卫星普查我国全境的资源，只需要拍摄300~500张照片，而用飞机普查我国全境的资源就需要拍摄50万~100万张照片。

1972年7月美国发射了第一颗实验型的“地球资源卫星”，后改称“陆地”。这颗卫星是在“雨云”气象卫星的基础上改成的。它的外形和“雨云”完全一样。这颗卫星进入轨道工作后，获得了许多很重要的资料：它发现了世界上许多重要的矿藏资讯，如确认巴基斯坦某地有两个班岩铜矿；纠正了一些地理参数，如我国西藏改则县的塔克错湖原标95.8平方千米，实际应该是495.5平方千米；发现了日本大饭湾海面和美国纽约州的一条河流的严重污染状况；还拍摄了我国首都的照片。在它拍摄的北京地区的照片上，可以清晰地看出故宫、北京大学、机场等建筑。

我国于1977年开始发射返回式对地观测卫星。该卫星质量约1800千克，轨道倾角59.5度，近地点180千米，远地点490千米。卫星由仪器舱和返回舱两部分组成。仪器舱内安装一台可见光地物相机和一台星空相机。地物相机在轨道上对国内预定地区进行摄影。星空相机对星空摄影，用于分析卫星对地摄影时的姿态误差。返回舱内装有返回用的制动火箭、自收系统和胶片盒等。

## 太阳同步卫星

庞大的卫星家族英才济济，神通各异。对于气象地球资源、照相侦察一类卫星，得请谁出山呢？那是非“太阳同步卫星”莫属了。

通常的卫星经过同一纬度的时刻是不同的，这给需要在固定时刻进行观测和应用的用户带来不便。而“太阳同步卫星”则能保证以相同方向、相同的当地时间经过某一纬度的上空。通过选择恰当的发射时间，可使卫星经过某些特定的观测区上空时始终有较好的光照条件。这对获得清晰的摄影效果、使太阳能电池得到充足供电，都是必不可少的。

“太阳同步卫星”为何有此神通呢？这是由它特殊的轨道条件决定的。这种卫星的发射，必须使其轨道平面旋转的方向与地球公转方向相同，转速也相同。它的倾角必须大于90度，形成一条逆行轨道，高度在几百千米到6000千米之间。对于倾角略大于90度的轨道，已接近“极地轨道”，它可以俯瞰包括两极在内的整个地球，可谓明察秋毫。大气阻力将影响卫星的同步性能，这可通过卫星上的动力装置使其保持同步。

美国的“艾萨”号气象卫星，“锁眼”号照相侦察卫星，“陆地”、“海洋”等资源卫星都属“太阳同步卫星”。近年间，我国发射了“资源”1号太阳同步极地卫星，标志着我国也加入了发射此类高档卫星的行列。

## 红外天文卫星

红外天文卫星，是用来观测红外辐射天体的天文卫星。它的任务就是用红外望远镜对宇宙空间的红外辐射源，包括太阳系天体、恒星、电离氢区、分子云、行星状星云、类星体及星系进行普查，并在普查的基础上绘制红外天体图和对选定的天区和红外辐射源进行专门的观测。

红外天文卫星一般选用近圆形太阳同步轨道，卫星上主要的专用观测仪器是大型红外望远镜。此外还配备有电子计算机、磁带记录器、遥测遥控设备以及向地球发回观测数据的通信天线和传感器。

世界上第一颗红外天文卫星是由美国、荷兰和英国合作发射的。它于 1983 年 1 月 25 日升空，在空间工作了 10 个月，获得不少观测结果。例如，发现在火星和木星轨道之间有 3 个都绕太阳旋转的尘埃粒子环，它们很可能是小行星碰撞后形成的碎片；发现 5 颗新彗星并计算出它们的轨道；发现数十万个以上的新红外辐射源。这些发现大大增进了人们对宇宙的认识，并促进了红外天文学的发展。

## 测地卫星

我们就生活在地球上，但是地球对我们来说却是既熟悉又陌生的。熟悉是人类祖祖辈辈生活在地球上，陌生是由于受到各种自然条件的限制，未能全部认识地球的真正面貌。弄清楚地球的真正面貌，对于发展经济、科学和军事来说，都是非常重要的。测地卫星就是为了弄清楚地球的真正面貌而发展起来的一种卫星。测地卫星用于测定地面点位坐标，地球形体和地球引力场参数。

1962 年 10 月美国发射的安娜 1B 第一颗专用测地卫星，随后，前苏联和法国也发射了多颗测地卫星。这些测地卫星的成果为大地测量学的发展开辟了新的前景，促成了空间大地测量学这一新的学科分支。

它可以精确地测量出地理坐标。由于过去测量手段的限制，或者出于某些保密上的原因，目前各国出版的世界地图中有不少地理坐标并不确切，应该通过测地卫星来更正。

测地卫星能够测量出地球的重力场的精确分布。在导弹的命中精度和人造卫星的轨道计算中，经常需要用到地球重力场的精确数据。

测地卫星还可以测量出地壳的漂移情况。地壳的漂移往往和地震相联系，因此，测出地壳的漂移情况，可以为地震预报提供依据。

1975 年以前，有的国家发射的测地卫星，它的地理坐标的定位误差小于 10 米。1976 年发射的测地卫星，利用了先进的激光测距技术，甚至可以测量出每年只漂移 5 厘米这样小的地壳运动的情况。

## 电子侦察卫星

发射电子侦察卫星，其目的是为了取得现代战略情报，用于侦察雷达、通信和遥测等系统所辐射的电磁信号，并测定辐射源地理位置。电子侦察卫星是卫星电子侦察系统的空间部分，卫星将侦察收到的电磁信号进行预处理后，发送到地面接收站，以分析电磁信号的各种参数并进行辐射源的定位，从中取得情报。

电子侦察卫星不受地域、天气条件的限制，能在各种天气条件下对大面积地区进行长期监视和侦察，获得时效性强的情报。

美国是发射电子侦察卫星最早的国家。第一颗电子侦察卫星于 1962 年 5 月发射，获得了大量的雷达和通信方面的情报。1971 年美国又发射了多星定位制电子侦察卫星，这类卫星可长期监视各种地面雷达的配置位置变化、舰载雷达的特性和位置，监视舰船的类别、等级和航线。

电子侦察卫星按侦察目的可分为普查型和详查型 2 类。普查型电子侦察卫星能监视大面积地区，测定辐射源的位置和粗略地测定电磁信号的工作频段；详查型电子侦察卫星能全面测量电磁信号的各种参数，测定辐射源的位置。

## “袖珍”卫星

通讯卫星的体重通常为几十到几百千克，最大的竟近 2000 千克。出于“大而全”的思维定势，卫星重量的攀比之势有增无减。但是现在却有人反其道而行之，提出研制 1 ~ 10 千克、只有垒球般大小的“袖珍”卫星。

这一设想的前提是，微电子和微机械技术的长足进步，可以使卫星量轻个小。而每颗只有 1.7 万美元的廉价，又是它应运而生的另一个原因。

“袖珍”卫星传递信息的方式得采用“人海战术”：几百颗卫星运行在 400 千米高的圆形极地轨道上，组成 3 条“卫星通讯链路”。其信息传输方式类似于“接力赛”：在同一链路中，信息从一颗卫星传到下一颗卫星直至到达目的地。这样的传输机制保证速度更快，更符合作战要求。

为使“袖珍”卫星微型化，必须在卫星尺寸和可靠性上实现突破，大致有如下措施：太阳能电池的设计定在短期通讯目标上；改金属结构为碳纤维，增强热塑料结构；天线采用全向辐射型，省去了姿态控制系统。这些要求在技术上都是不难满足的。但是人们唯一担心的是，近地轨道上的几百颗小卫星是否会增加大型航天器受到撞击的危险，以及日后是否会留下更多的太空垃圾？

## 绳系卫星

伟大的科学家富兰克林在雷雨交加时放风筝的故事已世人皆知。他冒着生命危险为人类揭示了一条真理：雷电与摩擦起电有着共同的本质。如今，航天专家竟将“风筝”放到了300千米高的电离层，这就是1992年8月4日从“阿特兰蒂斯”号航天飞机上发射的绳系卫星——一颗用250米长的“绳”系着的特殊卫星。它的目的在于试验太空发电，它的奥妙就在系绳上。

### 系绳怎能发电

原来它不是一根普通的系绳，而是外裹绝缘层、内芯为铜纤维制成的直径为2.5毫米的电缆。当它在轨道上运行时，就与地磁场组成了一台绝妙的发电机。由于系绳的运行速度高达8000米/秒，为任何发电机的转速所不及，因此，每1000米的系绳就可产生200伏左右的电压。设计中的系绳长达20千米，可产生3.2千伏电压、3安培电流。遗憾的是由于施放时的故障，它只展开了250米，所以只获得40伏电压。尽管如此，这仍是一项青史留名的实验。

## 人造卫星的回收

卫星的回收，一般是指卫星上的回收舱的回收，是通过地面中心控制站的遥控来完成的。当人造卫星运行到轨道的最低点时，地面工作人员通过遥控装置点燃连接卫星与回收舱之间的爆炸螺栓。螺栓被炸断后，卫星与回收舱分离。紧接着由地面站发出信号，启动反推火箭，迫使回收舱的运行速度逐渐减慢，最终脱离轨道，重返大气层。

这时，回收舱的运行速度大约是地面音速的25倍，甚至还高。在速度和高度都急剧变化时，人是无法通过制导系统对回收舱进行控制的。所以，能否保证回收舱落到预定区域，几乎完全取决于对它重返大气层的轨道的计算。当降至2000米以下的低空时，回收舱会自动抛弃防护罩，打开阻力伞和降落伞，然后徐徐降落。

眼下，卫星的回收主要采用海上与陆地两种形式，也有用飞机在空中回收的。当回收舱徐徐降落时，参加回收工作的船只、车辆或飞机等都在预定区域巡逻。地面站不断地将回收舱的位置通知巡逻人员。回收舱降落后，也立即发出信号，让人们尽快找到它。

## 人造卫星的分类

从人类发射第一颗人造卫星以来，迄今已有170多个国家和地区开拓了卫星应用，发展速度令人吃惊。1957年全世界只有2颗卫星上天，1958年达到8颗，1959年14颗，1960年35颗，到1960年后，每年发射的卫星都在100颗以上。截至1996年，世界各国发射的卫星总数为4000颗左右，其中绝大多数已停止工作或坠入大气层而被烧毁，仍留在轨道上继续工作的卫星虽然为数不多，但名目繁多，按运行轨道分，有低轨道卫星、中高轨道卫星、地球同步轨道卫星、地球静止轨道卫星、太阳同步轨道卫星、大椭圆轨道卫星和极轨道卫星等。按用途分，可分为科学卫星类、技术试验卫星类和应用卫星类三大类。其中每一类又可按具体的用途范围再进行分类。如用于科学探测研究的卫星有空间物理探测卫星和天文卫星等；大家比较熟悉的直接为国民经济、军事和文化教育服务的应用卫星有通信及广播卫星、气象卫星、测地卫星、地球资源卫星、导航卫星、侦察卫星等。

上述各式各样的卫星，不仅用途不同，其外形也呈现出千姿百态，有球形、锥形、圆柱形，有的伸出长长的“触角”，有的则张着庞大的“翅膀”；有的像翩翩起舞的蝴蝶，有的又像戴在帝王头上的“皇冠”。卫星外形这样奇形怪状，这并非是科学家随心所欲之作，而主要是根据卫星肩负的使命，对卫星有效容积、姿态控制特征、能源要求和运载火箭大小等因素进行综合考虑后确定的。

卫星的外形虽然复杂，执行的任务也各不相同，但不论什么卫星，其基本组成通常都是由专用系统和通用系统两大部分构成。专用系统的组成将视卫星担负的任务而定，如通信卫星有无线电接收和转发设备等通信专用系统，侦察卫星必须有高空照相机、可见光和红外扫描辐射仪等遥感设备，科学探测卫星必须装有相应的探测仪器等。照明发电类卫星则必须有太阳光反射与接收等聚能转换系统等。而通用系统则是各类卫星都不可缺少的组成部分。通常包括结构、温度控制、姿态控制、无线电遥测、遥控、跟踪和能源等分系统。

## 军事侦察卫星

出于对国家利益的考虑，历史上好多先进技术都是最先应用在军事上的。要赢得一场现代战争的胜利，首先摧毁敌方的战略目标，在军事行动中是十分重要的。战略目标包括两种：一种是直接军事目标，如导弹核武器基地、海空军基地、弹药仓库和主要指挥控制中心等；另一种是和军事有关的经济实力目标，如重要军事工厂、发电厂和交通枢纽等。

要摧毁敌方的战略目标，首先要知道这些目标的情况。在现代科学技术发展的今天，靠深入敌方腹地进行侦察是十分困难的。由于人造卫星得天独厚的优势，在冷战时期，苏美两国就把军事侦察卫星放在优先发展的地位。现在，军事侦察卫星已经成为战略武器不可缺少的伙伴。根据不同的侦察手段和侦察任务，侦察卫星可以分为照相侦察、电子侦察和预警等不同种类。

照相侦察卫星。这种卫星装有可见光照相机、多光谱照相机、多光谱扫描仪和电视摄像机等各种不同遥感器。按照卫星所拍到的照片的处理方法不同，照相侦察卫星有返回型和传输型两种。返回型卫星拍摄的胶卷由暗道送入卫星的回收舱，随回收舱一起返回地面。传输型照相侦察卫星把拍到的照片直接用无线电发回地面。因此，这种侦察卫星传递情报迅速，可以把一些活动的军事目标，如兵力调动、导弹核潜艇航向等资料立即报告地面。这种方法通常用电视摄像机、多光谱照相机和多光谱扫描仪等作侦察手段。

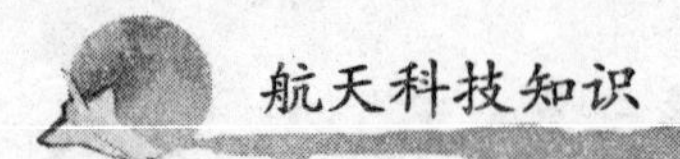


电子侦察卫星。电子侦察卫星是一种利用卫星上的无线电接收设备去接收敌方预警雷达和军用电台所发出的无线电波的侦察卫星。分析这些无线电信号，可以知道预警雷达所用的脉冲频率。脉冲宽度等重要参数和军用电台的通信情报。此外，还可以确定预警雷达和军用电台的位置。

预警卫星。随着战略核武器的发展，出现了一种预警卫星。这种卫星是设在地球同步轨道上的一个忠于职守的哨兵。装在预警卫星上的无线电雷达和红外探测器日夜监视着敌方洲际弹道导弹和核潜艇，一旦敌方导弹起飞，预警卫星在一分半钟之内就能发现，并且通知地面指挥中心，以便采取相应的应战措施。

为了尽可能使卫星上的相机“看清”地面目标，照相侦察卫星的运行轨道不高，一般离地面为200千米左右。电子侦察卫星的运行轨道比照相侦察卫星的轨道要高一些通常离地面500千米左右。电子侦察卫星的“寿命”也很长，一般可工作5年左右。只要卫星上的无线电接收机和天线不出故障，并有充足的电源，卫星就能日夜不停地工作。

## 民用遥感卫星

由于遥感卫星能大范围、高时效、连续地观测地球表面和大气层，在国民经济建设和科技进步中的作用越来越重要，民用遥感卫星是继通信广播卫星后，有望进入商业市场的另一大卫星领域，虽然商业化历程仍很艰难，但各国发展的势头有增无减。在将来民用遥感卫星的主要发展趋势为：

（1）将地球作为一个整体系统，进行环境、地球资源等综合观测。这种发展趋势决定了卫星信息必须是“全面、综合”的，它获取、处理信息必须“快”。因而其发展特点是：不管卫星大小，只要组成星座，就可以最大可能地缩短重访周期；目前此类卫星仍以极轨和中倾角轨道为主，未来将向低轨道和地球静止轨道延伸；有效载荷品种从可见光、中、热红外、微波向超光谱、多频多极化合成孔径雷达扩展。

（2）根据复杂的地球环境和观测对象，进行多种有效载荷科学配置，综合利用民用遥感卫星的有效载荷，科学有机地配置，方能对地球环境整体实现综合观测。仅地球观测系统的卫星，其有效载荷就有 20 多种。这些有效载荷经优化配置后，在几何分辨率、光谱和辐射分辨率等方面，能达到较高性能。

（3）城镇规划、测绘、工程、交通运输等行业对卫星遥感信息的几何分辨率需求越来越高，这就是为什么美国商业公司争相开发高分辨率商业遥感卫星的原因。从几何分辨率的要求看，这种卫星几何分辨率与军用卫星几何分辨率的差异在逐渐缩小，精细观测在国民经济建设上的应用前景广阔。

（4）资源调查、农作物长势、病虫害、土壤状况、地质勘查等领域，对光谱分辨率要求越来越高，将从微米级的多光谱向纳米级的超光谱发展；海洋观测、火灾、水灾、地震等自然灾害、环境污染等领域对辐射分辨率要求也越来越高，要求对各种辐射计、散射计、高度计以及合成孔径雷达技术进行不断改进。

（5）要求民用遥感卫星的重访周期不仅是几天、几小时，甚至要能进行连续观测。如海面温度，不同尺度海况预报，大气温度、压力、水气、地球辐射收支、灾害监测等领域通常都要求几天的重访周期；雪、冰的发现与测绘，海况和污染监测，海洋运输，农业、林业监视、土壤状况和大尺度作物生长、地质和矿物资源等领域要求连续的相干性观测。

## 人造卫星的发射

任何物体都有保持原来运动状态的特性，这就是惯性。在科研、生产和日常生活中，我们总是要利用惯性有利的一面，避免惯性不利的一面。

发射卫星所需的推力，不但与卫星的重量和发射倾角有关，而且还与发射方向和发射地点的纬度有关。

地球由西向东旋转，如果火箭向东发射，就可以利用地球自转的惯性，节省推力。随着地球纬度的变化，各处转动的速度也不一样，地球转动的速度在赤道处最大，可达每秒钟 0.46 千米，这个速度随着纬度的增加而减小，在南北两极为零。所以，发射地点的纬度越高，火箭所需要的推力也越大。如果顺着地球自转的方向，在赤道附近发射倾角为零的卫星，就可以充分利用地球的自转惯性，好像“顺水推舟”一样。

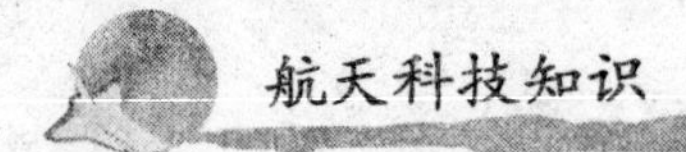


由于各国的地理纬度不同以及不同需要，火箭不可能全在赤道附近发射，发射方向也不能全都正好由西向东，比如偏向东南或东北，但总不能离开这个“东”字。这就是为了要尽量利用地球的自转惯性，节省推力。谁也不会向西发射卫星，那就像逆水行船一样，要多费好多劲儿。

## 卫星与数字地球

数字地球是以计算机技术、多媒体技术和大规模存储技术为基础，以宽带网络为纽带运用海量地球信息对地球进行多分辨率、多尺度、多时空和多种类的三维描述。数字地球的概念最早是美国副总统戈尔于 1998 年 1 月在加利福尼亚科学中心开幕典礼上发表演说时提出的，是个与 GIS、网络、虚拟现实等高新技术密切相关的概念。戈尔的数字地球学是关于整个地球、全方位的 GIS 与虚拟现实技术、网络技术相结合的产物。数字地球要解决的技术问题，包括计算机科学、海量数据存贮、卫星遥感技术、互操作性、元数据等。可以预见，随着地球空间信息学的发展而建立起的数字地球，必将促进测绘事业的现代化，为测绘事业与整个国民经济建立更加紧密的联系，作出更大的贡献，在未来和知识经济社会中产生巨大的经济效益和社会效益。

数字地球是把整个地球信息化，即把地球上每一点的所有信息，依据地理坐标，构造成既有空间维又有时间维的全球信息模型，并将其数字化，使人们能快速、准确地了解、利用和保护人类赖以生存的地球。由于数字地球能够提供土地利用、矿产资源、农业、水利、交通、能源、环境与灾害、人口与资源、发展与生态等众多信息，因而将成为信息社会和知识经济的主体与核心。

数字地球的实现，首先对卫星遥感和卫星通信、卫星导航定位等提出了迫切需求。这种由多要素构成的、具有空间维和时间维能力的全球信息系统如果只靠一两颗、一两种卫星是远远不够的，而且如果只靠卫星单独运行与使用也是不行的，还需要构成天基综合信息网，才能支持数字地球的建造。从这个意义上讲，数字地球的目标，也对天基综合信息网提出了直接的、迫切的需求。

要将地球作为一个整体进行系统观测、研究，所需要的陆地、海洋、大气以

及资源、环境、灾害，都不再是孤立的、静止的，而是相关的、处于动态的现象。为了更好地认识、利用和保护地球，美国牵头在国际上正在实施行星地球使命计划，其核心是由若干颗卫星构成的天基地球观测系统，就是将地球作为一个整体系统去进行观测、研究。天基地球观测系统的总卫星数量近20颗（包括日本和欧洲的），卫星上将装载22种以上的观测仪器，从可见光、紫外、红外到微波，从被动观测到激光雷达、微波辐射计等主动探测，并实现多种仪器的同时综合观测。可见，只有建造天基综合信息网，才能实现对地球进行整体观测的宗旨。

# 第四章　航天探索

## 深空探测器

对月球和比月球更远的天体和空间进行探测的无人航天器，称为深空探测器。包括月球探测器、行星和行星际探测器。探测的主要目的是了解太阳系的起源、演变和现状；通过对太阳系内的各主要行星的比较研究，进一步认识地球环境的形成和演变；了解太阳系的变化历史；探索生命的起源和演变。空间探测器实现了对月球和行星的逼近观测和直接取样探测，开创了人类探索太阳系内天体的新阶段。

深空探测器离开地球时必须获得足够大的速度才能克服或摆脱地球引力，实现深空飞行。探测器沿着与地球轨道和目标行星轨道都相切的日心椭圆轨道（双切轨道）运行，就可能与目标行星相遇，或者增大速度以改变飞行轨道，可以缩短飞抵目标行星的时间。美国“旅行者”2 号探测器的速度比双切轨道所要求的大 0.2 千米/秒，到达木星的时间缩短了将近四分之一。

为了保证探测器沿双切轨道飞到与目标行星轨道相切处时目标行星恰好也运行到该处，必须选择在地球和目标行星处于某一特定相对位置的时刻发射探测器。

深空探测器是在人造地球卫星技术基础上发展起来的，但是与人造地球卫星比较，空间探测器在技术上有一些显著特点。

深空探测器飞离地球几十万到几亿千米，入轨时速度大小和方向稍有误差，到达目标行星时就会出现很大偏差。例如，火星探测器入轨时，速度误差 1 米/秒，到达火星时距离偏差约 10 万千米。因此，在漫长飞行中必须进行精确地控制和导航。行星际飞行距离遥远，无线电信号传输时间长，地面不能进行实时遥

控，所以，行星和行星际探测器的轨道控制系统应有自主导航能力。例如，美国“海盗”号探测器在空间飞行8亿多千米，历时11个月，进行了2000余次自主轨道调整，最后在火星表面实现软着陆，落点精度达到50千米。此外，为了保证轨道控制发动机工作姿态准确，通信天线始终对准地球，并使其他系统正常工作，探测器还具有自主姿态控制能力。

空间探测既包括对地球空间范围的探测，也包括对月球，行星和行星际空间进行探测。对地球以外的空间探测的主要目的是：研究月球和太阳系的起源和现状，通过对太阳系各大行星及其卫星的考察研究，进一步揭示地球环境的形成和演变情况；认识太阳系的演化，探寻生命的起源和演变历史，利用宇宙空间的特殊环境进行各种科学实验，直接为国民经济服务。

## 深空探测硕果累累

空间探测器装有科学探测仪器，执行空间探测任务。空间探测的主要方式有：①在近地空间轨道上进行远距离空间探测。②从月球或行星近旁飞过，进行近距离探测。③成为月球或行星的人造卫星，进行长期的反复观测。④在月球或行星及其卫星表面硬着陆，利用着陆之前的短暂时间进行探测。⑤在月球或行星及其卫星表面软着陆，进行实地考察，也可将获取的样品送回地球进行研究。⑥在深空飞行，进行长期考察。

深空探测的范围集中在地球环境、空间环境、天体物理、材料科学和生命科学等方面。自1957年10月4日第一颗人造卫星发射上天，到2000年全世界已发射了100多个空间探测器。它们对宇宙空间的探测取得了丰硕成果，所获得的知识超过了人类数千年所获知识总和的千百万倍。

1958年1月31日美国发射成功第一颗卫星探险者1号，它首次探测到地球周围存在一个高能电子、粒子聚集的辐射带，这就是著名的范·艾伦辐射带。1958年末美国发射的先驱者3号探测器，在飞离地球10万千米的地方又发现了第二条辐射带。这是利用人造卫星和空间探测器最初探测的典型成果。

从1958年开始，人类用人造卫星、宇宙飞船、空间站和航天飞机等作为探测手段，对近地空间的环境，如地球辐射带、地球磁层、太阳辐射、极光、宇宙线等进行了探测。美国的“探险者”、“轨道地球物理观测站”、“轨道太阳观测站”系列，前苏联的“宇宙号”、“预报号”、“质子号”系列中的一部分，中国的“实践”系列等，借助携带的科学仪器，测量了地球大气层、电离层、磁层的基本结构，测量了太阳光辐射谱、空间粒子成分、高能电子、高能质子和太阳磁场等参量及其变化，探测了各类现象之间的相互关系等。通过对空间环境的探测和研究，为各类航天器的发射和飞行，航天员较长时间在太空生活，并实现太空行走和其他太空活动，提供了重要数据和安全条件。

从 1959 年开始，人类已经跨过近地空间到月球以至月球以外的深空进行探测活动。各种空间探测器相继考察了月球，拜访了太阳系的水星、金星、火星、木星、土星、天王星、海王星以及“哈雷”彗星等。其中对月球的考察最详细，甚至派遣了航天员赴月球实地考察；对金星、火星不仅拍摄绘制了地形图，而且还多次发射无人探测器在金星和火星表面着陆进行科学考察。科学家由此初步揭开了月球和太阳系各大行星的不少奥秘，回答了过去天文学家们争议不休的许多不解之谜。

从 1960 年美国发射第一颗天文卫星“太阳辐射监测卫星”开始，人类陆续发射了分别对 X 射线、V 射线、紫外线和红外线等进行观测的天文卫星，它们突破了地球大气层对天体辐射的阻挡，获取了来自宇宙空间整个波段的电磁辐射，实现了高灵敏度和高分辨率的观测，使对天体的观测波段扩大到紫外线、X 射线、V 射线等地面无法观测的波段，从而不断揭示出宇宙的真实面貌。

## 我国深空探测技术领域的成就

深空探测是中国航天活动继发射人造地球卫星、载人航天之后的第三大领域。2004 年我国启动了月球探测工程，该工程是新时期启动的 16 个国家重大科技专项工程之一。月球探测工程分三个阶段实施，即一、二、三期工程，分别为绕月探测、月球软着陆和自动巡视勘察、月面采样返回。我国月球探测一期工程的核心部分是研制“嫦娥一号”月球探测卫星，实现地月转移和环月飞行，对

月球进行环绕探测。“嫦娥一号”是我国第一个月球探测器，经过三年多的努力，在充分继承成熟技术的基础上，重点攻克了探月轨道设计、制导导航与控制、远距离测控与通信、卫星热控和有效载荷等一大批具有自主知识产权的核心技术和关键技术，“嫦娥一号”卫星的技术水平达到了当今世界同类月球探测器的先进水平。我国首次月球探测工程的圆满成功，实现了我国深空探测技术的重大突破，标志着我国空间技术发展取得又一历史性跨越。

## 航天工程

航天工程涉及航天器的设计和制造，以及在宇宙空间飞行的一些特殊问题的技术，如与人造地球卫生、宇宙飞行器、探空火箭的发射、制导、控制等有关的特殊问题。

航天器按用途分四类：卫星、行星际探测器、载人宇宙飞船和航天飞机。在各种人造天体研制、发展的同时，作为运载工具的运载火箭，以及推进、制导、遥控、遥测、遥感、通信、材料、辐射保护等方面也进一步深入研究。用于太空行走的航天服、用于进行“星球大战”的太空武器、建造能放置多用途传感器的卫星平台、实现一星多用等，都是正在研究的新课题。航天工程的发展还为探索宇宙奥秘、生命起源以及物理学、化学、生物学、材料科学等领域的研究增添了新的内容。

航天工程大致经历了四个发展阶段。

第一阶段，1957～1960 年，初期试验阶段。其间主要试验基本技术，包括运载火箭及其系统的研究、设计、制造、试验和发射，人造卫星、载人飞船、行星际探测器及其系统结构、设备的研制和试验。

第二阶段，1960～1964 年，实际应用试验阶段。在所发射的人造天体上使用了各种特殊仪器设备，利用空间特殊环境条件，收集各种探测数据、遥感天空和地面、转送各种信息、进行各种特殊实验、把太阳能转化为电能等，人首次飞出大气层。

第三阶段，1964～1979 年，卫星应用技术逐步成熟，卫星用途日益广泛。

载人飞行基本技术取得显著进步和迅速发展。60年代中期，美国开始在太空部署各种卫星网。美、苏两国通过各自的载人飞船计划证实人在宇宙空间的生活和工作能力；通过对行星的空间科学探测，发展了人类对宇宙空间的科学认识；阿波罗计划使人类首次登上月球；美国的旅行者Ⅰ号、Ⅱ号等行星探测器仍在太阳系里航行；天空实验室和礼炮号试验性空间站，为开发宇宙展示出广阔的前景。

第四阶段，1980年到现在，可称为航天飞机阶段。航天飞机把载人空间实验室和各种用途的人造天体放在巨型货舱内，运送到近地轨道，进行实际应用、工业生产和科学实验，并安全返回地面，以待下次使用。美国宇航员身穿航天服走出航天飞机，修理卫星。

未来航天工程的发展主要有三方面：①研究从近地空间扩展到远地空间，从内行星扩展到外行星，对太阳系所有行星进行跟踪观测。进一步掌握有关行星大气、行星上火山和地质学方面的知识，为认识太阳系演化理论、生命起源等基本问题增添新内容。②探测和研究月球以及小行星的矿物资源种类和分布，为月球和小行星的开发以及向未来的太空工厂提供原料做准备。注意研究高能天体，有可能找到新能源。③空间载人飞行并在载人飞船上进行综合性空间科研活动。如研究大气层、等离子体物理学、生物学、医学、天文学、材料科学等。还有可能出现太空工厂、空间太阳能发电站甚至太空城。

## 我国月球探测工程的发展战略

人类对月球的探测是在基本掌握了地球轨道航天器研制、发射和运行控制技术的基础上实施的，比美苏早期探月具备了更坚实的技术基础。借鉴国外的经验，考虑我国的国情和技术水平，我国月球探测工程将分三个步骤进行：

第一阶段（2002～2005年或稍后）绕月探测。

研制和发射第一个月球探测器——月球探测卫星，主要用于对有开发利用前景的月球能源与资源的分布与规律进行全球性、整体性与综合性的探测，并对月球表面的环境、地貌、地形、地质构造与物理场进行探测。实施第一阶段发展计划，即我国绕月探测工程。

第二阶段（2005~2010年或稍后）月球软着陆探测与月面巡视勘察。

研制和发射月球软着陆器及月面巡视车、自动机器人。试验月球软着陆技术，探测着陆区岩石的化学与矿物成分，测定着陆点的热流、岩石剩磁，月表的环境，进行高分辨率摄影和月岩的现场探测或采样分析，为月球基地的选址提供月面环境、地形、月岩的化学与物理性质等数据。实施第二阶段发展规划，即我国月球探测二期工程。

第三阶段（2010~2020年或稍后）月面巡视勘察与取样返回。

发展新型月球巡视车，对着陆区进行月面巡视勘察。2015年或稍后，发展小型采样返回舱、月表钻岩机、月表采样器、机器臂等。在月面巡视、分析取样基础上，采集关键性样品返回地面。同时，对着陆地区进行考察，深化对地-月系统（尤其对月球）的起源与演化的认识。

## 嫦娥工程简介

重返月球，开发月球资源，建立月球基地已成为世界航天活动的必然趋势和竞争热点。月球已成为未来航天大国争夺战略资源的焦点。月球具有可供人类开发和利用的各种独特资源，月球上特有的矿产和能源，是对地球资源的重要补充和储备，将对人类社会的可持续发展产生深远影响。

经过10年的酝酿，我国最终确定整个探月工程分为“绕”、“落”、“回”三个阶段。

第一步为“绕”，即发射我国第一颗月球探测卫星，突破至地外天体的飞行技术，实现月球探测卫星绕月飞行，通过遥感探测，获取月球表面三维影像，探测月球表面有用元素含量和物质类型，探测月壤特性，并在月球探测卫星奔月飞行过程中探测地月空间环境。第一颗月球探测卫星“嫦娥一号”已于2007年10月24日发射。

第二步为“落”，时间定为2007~2010年。即发射月球软着陆器，突破地外天体的着陆技术，并携带月球巡视勘察器，进行月球软着陆和自动巡视勘测，探测着陆区的地形地貌、地质构造、岩石的化学与矿物成分和月表的环境，进行月

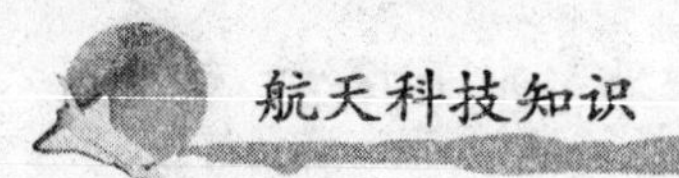


岩的现场探测和采样分析，进行日－地－月空间环境监测与月基天文观测。具体方案是用安全降落在月面上的巡视车、自动机器人探测着陆区岩石与矿物成分，测定着陆点的热流和周围环境，进行高分辨率摄影和月岩的现场探测或采样分析，为以后建立月球基地的选址提供月面的化学与物理参数。

第三步为“回”，时间定在2011～2020年。即发射月球软着陆器，突破自地外天体返回地球的技术，进行月球样品自动取样并返回地球，在地球上对取样进行分析研究，深化对地月系统的起源和演化的认识。目标是月面巡视勘察与采样返回。

月球探测三期工程主要包括以下5个科学目标：

（1）探测区月貌与月质背景的调查与研究，主要内容包括：探测区的月表形貌探测与月质构造分析；探测区的月壤特性、结构与厚度以及月球岩石层浅部（1～3千米）的结构探测；探测区矿物/化学组成的就位分析。

（2）月壤和月岩样品的采集并返回地面，主要内容包括：在区域形貌和月质学调查的基础上，利用着陆器上的钻孔采样装置钻取月壤岩芯；利用着陆器上的机械臂采集月岩/月壤样品；在现场成分分析的基础上，采样装置选择采集月球样品；着陆器和月球车都进行选择性采样，月球车可在更多区域选择采集多类型样品，最后送回返回舱。

（3）月壤与月岩样品的实验室系统研究与某些重要资源利用前景的评估，主要内容包括：对返回地球的月球样品，组织全国各相关领域的实验室进行系统研究；对月球蕴涵丰富的能源和矿产资源，进行重要资源利用前景的评估；根据月球蕴涵资源的特征，测定月球样品中氦3、氢、钛铁矿等重要资源的含量；开展氦3等太阳风粒子的吸附机理和钛铁矿富集成矿的成因机理研究；开展氦3、氢等气体资源提取的实验室模拟研究。

（4）月壤和月壳的形成与演化研究。

（5）月基空间环境和空间天气探测。

我们有理由相信，当“绕、落、回”三步走完后，中国的无人探月技术将趋于成熟，中国人登月的日子也将不再遥远。

# 月球简介

月球大概有46亿岁。

月球直径约3476千米，是地球的十一分之三。体积只有地球的四十九分之一，质量约7350亿亿吨，相当于地球质量的八十一分之一，月面的重力差不多相当于地球重力的六分之一。

与地球的平均距离约为384401千米。近地点距离363 300千米，远地点距离405 500千米。

最外层的月壳平均厚度为60～65千米。月壳下面到1000千米深度是月幔，它占了月球的大部分体积。月幔下面是月核，月核的温度约1000度，很可能是熔融状态的。

月壳由多种元素组成，包括：铀、钍、钾、氧、硅、镁、铁、钛、钙、铝及氢。当受到宇宙射线轰击时，每种元素会发射特定的伽玛辐射。

月球本身并不发光，只反射太阳光。

人类肉眼所见月面上的阴暗部分即月海，实际上是月面上的广阔平原，明亮的部分是山脉。

月亮的自转周期和它的轨道周期（也就是它绕地球一周的时间）相同，所以月亮总以相同的一面对着地球。

月球引起了地球上的潮汐现象，发生在白天的称做潮，发生在夜间的称做汐。每天的潮（或者汐）总比前一天的推迟50分钟。

地球上的大西洋百慕大三角区，是一个神秘的多灾多难的地区，被人们称为"魔鬼海"和"死亡三角"。在对月球的探测过程中，科学家们发现在月球上也存在类似的神秘地区。

第一件到达月球的人造物体是前苏联的无人登陆器"月球2号"，它于1959年9月14日撞向月面。

美国"阿波罗11号"的指令长尼尔·阿姆斯特朗是踏足月球的第一人。

# 人类探月史概述

人类对月球的科学探测和研究始于20世纪50年代，这是科学技术发展的表现，也是冷战时期美苏争霸的产物。一般将人类探月史分为以下几个阶段：

1．美苏争霸（20世纪50～70年代）

1957年前苏联发射第一颗人造卫星，并于1961年把加加林送上近地轨道之后，人类便开始将火箭和卫星技术用于探测月球。随即，一场以月球探测为中心的空间科学技术竞赛在前苏联和美国之间展开。前苏联发射的月球探测器为“月球”系列，美国为“徘徊者”系列和“探测者”系列。从20世纪50年代末到70年代初，前苏联共向月球发射了32个探测器，这些探测器或逼近或登陆月球，取得了丰硕的成果。美国也向月球发射了21个探测装置。在这些探月行动中，科学家有针对性地研究了月球背面和表面的放射性及土壤成分等。

1961年5月，美国宣布实施“阿波罗”登月计划，这项计划历时11年，耗资255亿美元。1969年7月人类首次实现了登月之梦。美国宇航员阿姆斯特朗和奥尔德林驾驶“阿波罗”11号登月舱，降落在月球表面称为静海的荒原上。这一年先后有12名宇航员踏上月球，并为地面带回440千克的月岩样品，在月球探测中取得最辉煌的成果。随后从1969年11月至1972年12月，美国宇航员又5次登月。

2．相对停滞后的复苏（20世纪80～90年代）

1972年美国“阿波罗计划”结束以后，由于探月活动耗资巨大，人类对月球的考察几乎停滞。然而，人类还是抵挡不住月球独特自然环境和资源的诱惑，再加上现代航天技术的发展为人类提供了进一步探测月球的可能性，20世纪90年代后期，人们又把目光投向了月球。

美国于1986年提出重返月球、建立月球基地的设想，并在1994年和1998年分别发射了两个探测器。其中，1994年美国发射了“克莱门汀”号无人驾驶飞船，对月球进行了新的地貌测绘。1998年1月6日发射升空的以绘制月球表面地形图、分析月球地质结构和寻找月球存在冰或水证据等为目的的“月球勘探

者”号探测器，于1999年7月完成使命。它携带中子光谱仪探测氢原子，发现在月球两极的盆地底部可能存在水。

3. 众国争锋再掀高潮（21世纪）

21世纪探月又热起来，美国于2006年4月提出一项撞击月球南极的计划，希望能成功找到月球存在水的证据，以利未来宇航员登陆月球并建立长期基地。这一项目是利用美宇航局于2008年10月发射的“月球环形山观测与感知卫星”来撞击月球。

2006年12月4日，美国宇航局ASA公布了“月球探索战略”和美国“月球基地计划”的初步构想。将于2014年开始执行的“月球探索战略”列举了从事人类和机器人月球探索的各种理由，其中包括需要维持人类在月球的生存，战略同时要求促进国际合作及为人类与机器人飞向火星和其他星球作准备。而“月球基地计划”的重点在于人类如何完成探索月球的任务，根据ASA月球基地小组的研究，最好的方式是在月球极地附近建立以太阳能为能源的基地。预计该基地首次任务将在2020年启动。

2003年9月27日23时17分（北京时间28日7时17分），欧洲第一个月球探测器“智能1号”顺利升空，于2006年9月3日成功撞击月球；2006年俄罗斯也制订了三阶段的探月计划，前两个阶段主要是绘制月球全图、发射月球车采集月球岩石并运回地面进行分析，以确定矿物含量及矿藏所在地。第三阶段则是在2010年后建立月球基地。此计划于2009年启动。

此外，欧洲、日本、印度和中国等先后提出了探月计划，人类探月进入了高潮期。

## 在太空进行生物实验

1957年10月4日前苏联发射了世界上第一颗人造地球卫星以来，人类活动范围从陆地、海洋、大气层扩展到宇宙空间，宇宙空间成为人类的第四疆域。人类发展空间技术的最终目的是开发太空资源。而要开发太空资源，首先要在太空进行生命科学和宇宙医学研究，以深入了解太空环境对地球上各种生物的影响。

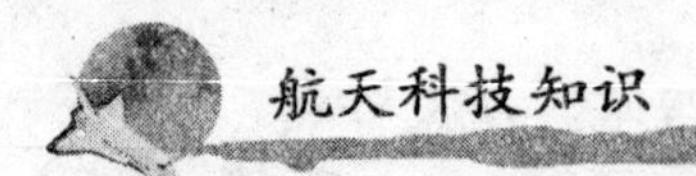


太空环境最显著的特点是失重。30 多年来，科学家将多种生物随着航天器带入太空，进行失重生物学的实验研究，并取得了不少成果。

### 太空失重环境对生物生长的影响有一定的可逆性

20 世纪 60 年代在前苏联“宇宙 110”卫星上，科学家装载了两只小狗，在太空中飞行了 22 个昼夜后，发现它们的水盐代谢，特别是钙的代谢功能被破坏，肌肉萎缩，血液成分改变，心血管系统功能也受到影响。但是，这些影响并没有危及小狗的生命，当它们回到地面后又进入了正常的发育状态。植物在太空中受失重的影响，改变了根向地和茎背地的习性；同时，由于航天器每天绕地球 14～16 圈，昼夜交替很快，破坏了原有的正常生长的机理。但是，当这些植物返回地面后，又恢复了原有的生长习性。这些太空生物实验说明失重环境对生物的影响有可逆性。

### 太空失重环境影响生物的遗传性

1962 年 8 月前苏联科学家在“东方 3”号和 1964 年 10 月在“上升”号宇宙飞船上搭载了紫跖草，发现紫跖草在细胞分裂时染色体的性状遭到破坏。美国科学家在太空失重的环境中辐射谷盗甲虫，发现它在发育过程中基因突变的频率增加。1987 年 8 月中国在返回式卫星上搭载种子，返回后经地面种植，也发现了种子诱变的情况，产量增加。例如，江西宜丰县播种卫星搭载过的水稻种子，经 6 年培育，水稻穗多、颗粒大，亩产达 600 千克，最高达 750 千克，蛋白质的含量增加 8%～20%，生长期平均缩短 10 天。在黑龙江播种卫星搭载过的青椒种子，经几年优选，也达到高产、优质，单果从 90 克提高到 160 克，有的达到 300～400 克，亩产 4000～5000 千克，是对照组产量的 2 倍，维生素含量提高 20%。卫星搭载的西红柿种子，当代的发芽率比地面的种子低，而栽种后的长势比地面的强，到第二代就全面优化，经过 5 年的种植，其平均产量提高 20% 以上。

### 太空失重环境使生物生长过程变化很大

在失重环境下，有一些生物的生长速度变得缓慢。1994 年 9 月 8 日，日本航天员把 4 条青鳉鱼和 340 颗青鳉鱼卵带到太空。结果是，从地面上带到太空的鱼卵经过 4～5 天就孵出了鱼苗，而青鳉鱼在太空产下的鱼卵过了 13 天才开始孵

化。看来，在太空孵化养鱼没问题，但在太空中鱼的繁殖却很慢。

而另外一些生物的生长速度加快。1990 年 12 月，俄罗斯科学家曾把人参组织培养基带到空间站，进行太空培植实验，10 天后发现人参在太空的生长量已相当于地面上 1 个月的生长量。还有，在太空单个蚕蛹孵化成幼蚕的时间比地面早两个月。许多微生物的生长速度要比地面快得多，有的生长速度甚至提高了 400 倍。

### 失重环境会影响生物机体的形状和功能

地面上的植物，其 80% 的能量用于茎的生长，而在太空空间站的温室中的植物几乎没有茎，但是叶更加茂盛，果实更加丰硕。1975 年，前苏联科学家在“礼炮”号空间站种植了一批豌豆，发现豌豆的幼芽总是朝着明亮的地方生长，而新生的根和茎却朝着相反的方向生长，苗的生长期很短，不久就枯萎。

1985 年 4 月，美国科学家在“空间实验室”3 号上放置了 12 只出生仅 56 天的幼鼠，经过 7 天飞行后，发现幼鼠的前脚重量减少了 14%，腰骨的重量减少了 7%，前脚抗弯曲的强度也减弱了 28%。

### 失重与辐射的综合影响

在失重和太空辐射的共同作用下，植物品种会发生变异，动物机体会发生变化。如家鼠的造血器官和淋巴组织的变化要比仅处于失重状态下的变化更加剧烈，有的家鼠的肺部出现点状出血现象。

### 失重对生物节律的影响很明显

1990 年 12 月 2 日，日本航天员将 6 只 2～3 厘米长的雨蛙带上航天飞机。这种雨蛙背绿腹白，体侧有黑斑，趾的末端有吸盘，趾间有蹼，因而它们在太空失重状态下能平稳行走，跳动自如，既能向前跳，又能向后跳，但很少吃东西。1991 年 6 月，美国航天员将 2478 只水母带上航天飞机，研究水母的生活和动物的定向能力，水母在太空很活跃，不停地搏动身体，但行为异常，在水中不停地转圆圈。1992 年 9 月，美国航天员将 12 枚已受精的青蛙卵带上航天飞机，结果孵化出 7 只蝌蚪。这些小蝌蚪行为很怪，在水面上窜来窜去，飞快地转圈游动，不停地摇动尾巴或前后翻滚。前苏联航天员在“和平”号空间站进行孵化鹌鹑

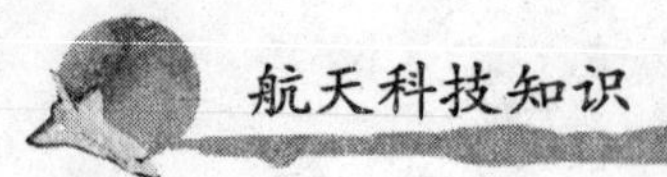


蛋的试验，鹌鹑孵化出来后，不能抓住铁笼的铁丝，在笼内挤成一团，最后因营养不良而死亡。

### 失重环境对动物的习性和感觉器官无影响

前苏联航天员将两只猴子带到“宇宙1887”号生物卫星上，在经过13个昼夜飞行后对它们进行观察，发现猴子能很好地保持原有的习性和掌握原有的技能，感觉器官也没有受到不可逆的影响。

### 在“和平”号空间站上收获小麦

1990年12月，俄罗斯科学家在“和平”号空间站试种过一批小麦，但结果并不理想，生长期远远超过地球上的生长期，而且只生长却没有收获。后来在1996年12月，俄罗斯和美国科学家合作成功地在“和平”号空间站的暖棚里培育并收获了第一批太空小麦。这块麦田只有900平方厘米，收割了150多穗。这批墨西哥矮小型杂交小麦从播种到成熟只有97天。这证明生物在太空站内是可以生长发育的，为人类未来在星际旅行时解决食品问题走出了可喜的一步。

### “太空植物园”试验

要在太空长期居住必须解决食物问题。为此，科学家正在开展“太空植物园”的试验，准备在太空建造一座农场，种植各种植物，饲养动物。

美国的“生物圈”试验虽然失败，但美国科学家在佛罗里达州迪斯尼乐园附近建造一座生态研究中心正在研究太空农业开发项目。他们将从月球上带回的土壤制成“月土”，栽培植物，以了解月土中哪些成分可供植物生长。

1984年，前苏联曾在仿造太空飞行条件的装置内，放入人工土壤。这种人工土壤是两种塑料的混合物，很像沙土，其中含有15种养分。在这种人工土壤中栽培植物，植物的生长周期大大缩短，产量明显提高。例如，在普通土壤中，每平方米的面积上70天产1千克萝卜；而在人工土壤中，每平方米的面积上21天就可产10千克萝卜。这一试验基本上解决了太空农场的土壤问题。

### “太空动物园”试验

1992年9月，日本科学家曾进行过太空动物饲养试验。他们将果蝇带到太空中，其中有十分之一在太空死掉了，其余的被带回地面，后代在地面上一样生长

发育。将受精的青鳟鱼卵带往太空，鱼卵照常孵化。为了能在太空养鸡，莫斯科航空学院的学生成功地设计制造了太空孵化器和饲养装置，并已收获了200只成年鸡。人们正在进一步为在太空能饲养鸟类、哺乳动物进行试验，以期在21世纪在太空中出现一个植物茂盛、鸟语花香的新世界。

## 空间站

人类并不满足于在太空作短暂的旅游，为了开发太空，需要建立长期生活和工作的基地。空间站就是这样一个基地。它是一种在近地轨道长时间运行，可供多名航天员在其中生活工作和巡访的载人航天器。小型的空间站可一次发射完成，较大型的可分批发射组件，在太空中组装成为整体。在空间站中要有人能够生活的一切设施，不再返回地球。

空间站的特点之一是经济性。例如，空间站在太空接纳航天员进行实验，可以使载人飞船成为只运送航天员的工具，从而简化了其内部的结构和减轻其在太空飞行时所需要的物质。这样既能降低其工程设计难度，又可减少航天费用。另外，空间站在运行时可载人，也可不载人，只要航天员启动并调试后它可照常进行工作，定时检查，到时就能取得成果。这样能缩短航天员在太空的时间，减少许多消费，当空间站发生故障时可以在太空中维修、换件，延长航天器的寿命。增加使用期也能减少航天费用。因为空间站能长期（数个月或数年）的飞行，故保证了太空科研工作的连续性和深入性，这对研究的逐步深化和提高科研质量有重要作用。

空间站的基本组成是以一个载人生活舱为主体，再加上有不同用途的舱段，如工作实验舱、科学仪器舱等。空间站外部必须装有太阳能电池板和对舱接口，以保证站内电能供应和实现与其他航天器的对接。

到目前为止，全世界已发射了9个空间站。其中前苏联共发射8座，美国发射1座。按时间顺序讲，前苏联是首先发射载人空间站的国家。其礼炮1号空间站在1971年4月发射，后在太空与联盟号飞船对接成功，有3名航天员进站内生活工作近24天，完成了大量的科学实验项目，但这3名航天员返回地球时却

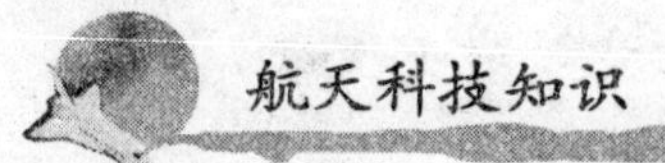


不幸全部遇难。前苏联发射的礼炮 3、4、5 号小型空间站均获成功，航天员进站内工作，完成多项科学实验。其礼炮 6、7 号空间站相对大些，也有人称它们为第二代空间站。它们各有两个对接口，可同时与两艘飞船对接，航天员在站上先后创造过 210 天和 237 天长期生活记录，还创造了首位女航天员出舱作业的纪录。

前苏联于 1986 年 2 月 20 日发射入轨的和平号空间站名气最大，但是到了 2000 年底俄罗斯宇航局因和平号部件老化且缺乏维修经费，决定将其坠毁。和平号最终于 2001 年 3 月 23 日坠入地球大气层。

美国在 1973 年 5 月 14 日发射成功一座叫天空实验室的空间站，它在 435 千米高的近圆空间轨道上运行，宇航员用 58 种科学仪器进行了 270 多项生物医学，空间物理，天文观测，资源勘探和工艺技术等试验，拍摄了大量的太阳活动照片和地球表面照片，研究了人在空间活动的各种现象。直到 1979 年 7 月 12 日在南印度洋上空坠入大气层烧毁。

我国将于 2010 ~2011 年底发射“天宫一号”目标飞行器，“天宫一号”的重量有 8 吨，类似于一个小型空间实验站，在发射“天宫一号”之后的两年中，我国将相继发射神舟 8、9、10 号飞船，分别与“天宫一号”实现对接。

我国有望于 2014 年用“长征 5 号”把中国空间站送上太空，中国最终将建设一个基本型空间站。

## 为什么要开发月球

时至今日，月球已经对于人类太空科技的发展已经越来越重要。开发和利用月球资源成为了 21 世纪的重要课题。虽然月球只是亿万星辰中的小小一员，但却并不是一个普普通通永远围绕地球旋转不停的卫星。对人类而言，月球不仅是人类踏足浩瀚宇宙的前哨站，更是人类赖以生存的资源存储仓库。

月球上有很多地球上没有的资源，月壳由多种主要元素组成，包括铀、钍、钾、氧、硅、镁、铁、钛、钙、铝及氢。当受到宇宙射线轰击时，每种元素会发射特定的伽玛辐射。有些元素，例如：铀、钍和钾，本身已具放射性，因此能自

行发射伽马射线。但无论成因为何，每种元素发出的伽马射线均不相同，每种均有独特的谱线特征，而且可用光谱仪测量。直至现在，人类仍未对月球元素的丰度作出面性的测量。现时太空船的测量只限于月面一部分。

月球表面分布着22个主要的月海，除东海、莫斯科海和智海位于月球的背面外，其他19个月海都分布在月球的正面。在这些月海中存在着大量的月海玄武岩，22个海中所填充的玄武岩体积约$10^{10}$立方千米，而月海玄武岩中蕴藏着丰富的钛、铁等资源。若假设月海玄武岩中钛铁矿含量为8%，或者说二氧化钛含量为4.2%，则月海玄武岩中钛铁矿的总资源量约为1.31015亿~1.91015亿吨，尽管这种估算带着很大的推测性与不确定性，但可以肯定的是月海玄武岩中丰富的钛铁矿是未来月球可供开发利用的最重要的矿产资源之一。

克里普岩是月球高地三大岩石类型之一，因富含钾、稀土元素和磷而得名。克里普岩在月球上分布很广泛。富含钍和铀元素的风暴洋区的克里普岩被后期月海玄武岩所覆盖，克里普岩混合并形成高灶和铀物质，其厚度估计有10~20千米。风暴洋区克里普岩中的稀土元素总资源量约为225亿~450亿吨。克里普岩中所蕴藏的丰富的钍、轴也是未来人类开发利用月球资源的重要矿产资源之一。此外，月球还蕴藏有丰富的铬、镍、钠、镁、硅、铜等金属矿产资源。月球岩石中含有地球中全部元素和60种左右的矿物，其中6种矿物是地球没有的。

月球土壤中还含有丰富的氦-3，利用氘和氦-3进行的氦聚变可作为核电站的能源，这种聚变不产生中子，安全无污染，是容易控制的核聚变，不仅可用于地面核电站，而且特别适合宇宙航行。据悉，月球土壤中氦-3的含量估计为715000吨。从月球土壤中每提取一吨氦-3，可得到6300吨氢、70吨氮和1600吨碳。从目前的分析看，由于月球的氦-3蕴藏量大，对于未来能源比较紧缺的地球来说，无疑是雪中送炭。许多航天大国已将获取氦-3作为开发月球的重要目标之一。

月球的矿产资源极为丰富，地球上最常见的17种元素，在月球上比比皆是。以铁为例，仅月面表层5厘米厚的沙土就含有上亿吨铁，而整个月球表面平均有10米厚的沙土。月球表层的铁不仅异常丰富，而且便于开采和冶炼。据悉，月球上的铁主要是氧化铁，只要把氧和铁分开就行；此外，科学家已研究出利用月

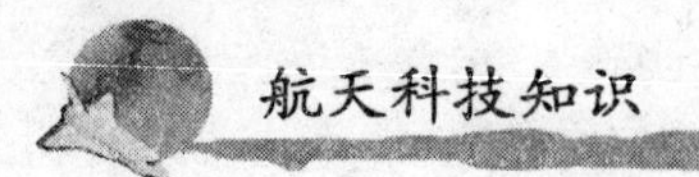


球土壤和岩石制造水泥和玻璃的办法。在月球表层，铝的含量也十分丰富。

月球表面具有高真空、无磁场、地质构造稳定、弱重力和高洁净的环境，月球背面不受地球无线电波干扰，建立月球天文观测基地、生物制品和新材料实验室，对地观测站和深空探测前哨站均具有重大的政治和科学意义。月球是研究月球科学、天体化学、空间物理、生命科学、对地观测科学与材料科学的理想场所。在月球上建立天文观测台站可以不受地球大气层的限制，波段可从伽马射线一直到长无线电波段上进行观测。在月球上可以设置一个任何波段的干涉仪阵列，月面上宁静的环境可以保证其测量精度。一些天文物理现象，如超新星爆炸和伽马射线爆裂，可以用不同波段进行观测研究。

## 月球基地

人类要在月面上进行科学探测与研究活动，开发利用月球资源，建立永久性月球基地是十分必要的。而月球的独特环境也为建造月球基地提供了可能，月壤中富含钙、铝等元素，而不像地球土壤含有过多的碳，因此能造出硬度和强度大得多的水泥，用月壤制成的水泥除了可承受月球上剧烈的温差外，还可抵御太阳风和宇宙射线的袭击；采用特殊设计还能经受太空漂浮物的撞击。如果建设月球基地，水泥肯定是就地取材。

目前月球基地建设和月面活动方案还没有确定，但从目前已有的建议方案来看，建造月球基地都离不开下列几个发展阶段。

（1）基地建设准备阶段：对地形及资源的调查；

（2）建设前哨基地：在月面临时居住，向下一阶段过渡的准备作业；

（3）建立月球生产基地：月面上长住，生产活动开始；

（4）发展中的月球基地：生产活动进入正常化阶段；

（5）成熟的月球基地（即永久性月球基地）：建立各种产业，经济独立化。

# 月球“建厂”可行吗

根据月岩样品及大量有关资料的研究与分析，人们已对月球上的加工厂的生产工艺流程及制备方法进行了多方面的详细研究。

科学家很早就开展月球表土提取氧的方法研究，他们利用阿波罗飞船取回的月球沙土进行实验，在1000℃的高温下，将月沙中的钛铁矿和氢接触生成水，再将水通过电解提取氧。研究表明，提取1吨氧，约需70吨的月球表土。考虑到在月球上生产的特殊情况，建议在月球基地建设的同时，应考虑配备一套小型的化学处理设备，利用太阳能作动力，每天大约可制备出100千克的液氧。一个12人规模的基地，每月也只需要350千克氧气。而一套制氧设备连续工作后，可生产出相当数量的氧气，因此，在月球基地建设时，应同时建造一个永久性的液氧库，以便供给航天器作为低温推进剂燃料使用。

十分有意义的是，在制氧过程中经过化学处理后得到的“矿渣”含有丰富的游离态硅和可供冶炼的金属氧化物，只要采用适当的工业方法便可继续冶炼，就可以炼制出工业上极有使用价值的金属钛。

铝的精制方法更为新颖，科学家们经过反复试验与研究，提出了一套炼铝的新的工艺。具体做法是，将月岩粉碎，在1700℃下加热熔化，然后在水中冷却至100℃制成多质的球，再经粉碎，在其中加入100℃的硫酸，即可浸出铝。用离心分离法和过滤法除去硅化物后，再将它在900℃的温度下进行热解反应，得到氧化铝和硫酸钠的混合物。随后洗去硫酸钠并进行干燥，再与碳混合加热的同时，加入氯气与之进行反应，生成了氯化铝，经电解，获得最终产品——纯铝。

建筑业离不开玻璃，因此，在月面上生产玻璃显得尤为重要。通常的玻璃是由71%～73%的氧化硅，12%～14%的碳酸钠，12%～14%的氧化钙组成。月壤中含有40%～50%的氧化硅，在月面上制造玻璃是以硅玻璃为主。其精制方法较为简单，即在月球土壤中根据需要加入各种微量添加物，用硫酸溶解出一些无用的成分之后，在1500～1700℃下熔化，然后经压延冷却，即可制成月球玻璃。

随着月球资源开发，进入月球参加开发的人员增多，月球基地需要完成改

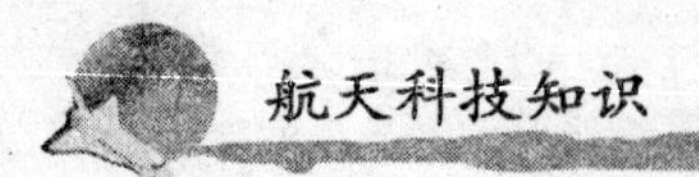


建、扩建基地工程，这无疑需要大量的建筑材料，尤以对混凝土的用量为最大。值得庆幸的是，制造混凝土所需的沙土、石子、水泥，都可以就地取材。

人们到月球上建设基地，除了开发资源发展生产外，最终目标还是想把月球扩建成移民区，让更多的人到月球上观光、游览，或者带着全家老小移居到月球上，做一名月球人。

## 在月球上建核电站

由于月球和地球有着类似的地质特征，都蕴藏着丰富的核资源和建设核电站所需的原材料，因此，很适合在月球上建造核电站。在地球进行核发电时要使用涡轮和水，而在月球上，通过采用热离子和温差发电机等高效复合能量转换系统，便可直接将核能转变为电能。设想中的月球核能源基地，将包括核燃料供应厂、核发电设施和输电设施。月球上的电力，通过高传输效率的短波长激光束，也就是紫外线区的激光，输送到静止轨道上的能量中继卫星，在中继卫星上，电能被转换成在空气中具有高传输效率波长的激光，然后再传送到位于地球上的接收站，由接收站再将能量分配到各个区去供用户使用。

月球核能源基地，通常建造在月球的两极地区，因为极地是向地球进行能源传输的最佳场地。月球核能源基地一旦建成，转入稳定运行后，将全部由机器人操作控制、维护与修理，绝对不会对人类造成污染威胁。为了建立月球核能源基地，有许多工程技术问题，有待人们尽快研究解决，例如超高效能量转换系统、空间用核反应堆、空间机器人、大功率输出的高效激光生成设备、接收设备、激光传输的安全技术等。

月球上氦－3不仅储量多，而且是一种洁净的核能源，这对于净化地球环境十分有利，对人类来说颇具吸引力。如果将它从月球上开采出来运至地球，供人类利用，无疑使人类获益匪浅。据预测，从月球的矿石中提取的氦－3，足以满足整个地球400年能源的需要。经测算，建设一个500兆瓦的氘－氦－3核聚变电站，每年约需50千克的氦－3，也就是说，每年只要在月面上挖一个面积1.5平方千米、深3米的坑。而且它不含放射性物质并能产生更多的能量，用氦－3

为原料，核反应堆成本将降低一半。仅开发氦-3月球资源这一点，人们就足以理解重返月球的深远社会与经济意义了。

总之，月球基地将成为人类生存延伸到地球以外星球的开端，是人类空间的第一移民区，并且也是人类向太阳系其他行星进军的中转站。月球基地的建设是一场新的技术革命，必将对世界的文化、经济、社会、科技等各个领域产生重大和深远的影响。

## 宇宙的结构、形状和归宿

人们对宇宙有两种理解，一种认为是包括地球及其他一切天体的无限空间；另一种认为是一切物质及其存在形式的总和。《辞海》对宇宙的解释是：宇，空间的总称；宙，时间的总称。这源于《淮南子·齐俗训》：往古来今谓之宙，四方上下谓之宇。这就是说，宇宙既包括无限的空间，又包括无限时间的延续。

关于宇宙诞生的理论很多，比较公认的是大爆炸论。在一二百亿年前，我们的宇宙刚刚诞生时，是一个温度极高、压力和物质密度极大的混沌火球（不妨称它“宇宙蛋”）。所谓物质，只不过是一些光子而已。然后逐渐形成各种基本粒子，成为现在各种物质的构成材料。巨大的压力使宇宙急剧地膨胀（即大爆炸），宇宙温度则因膨胀而逐渐降低，物质凝聚成一团团星系云，星系云又一步步分裂，凝聚成一个个恒星，恒星周围的剩余物质又逐渐凝聚成行星和卫星。这些天体不是分散的，许多恒星聚集成星系，星系又聚集成星系群，进而是星系团、超星系团，还有更大的群体。这些群体也不是均匀分布的，有些区域非常密集，形成“宇宙长城”，有些区域非常稀少，形成“宇宙空洞”。宇宙天体可能就是这样一种“泡沫结构”。

有许多证据表明，宇宙还在继续膨胀。目前我们探测到的最远天体，已超过150亿光年，但那里仍然不是宇宙的尽头，宇宙似乎有无限的空间。不过，多数科学家趋向于认为，“宇宙有限，但无尽头”。因为如果宇宙确实是由大爆炸从“无”膨胀起来的，它不可能是无限的，只能是一个有限的三维空间，就像膨胀的气球总有一个一定的体积，威力巨大的氢弹爆炸总有一个可算出的影响范围一

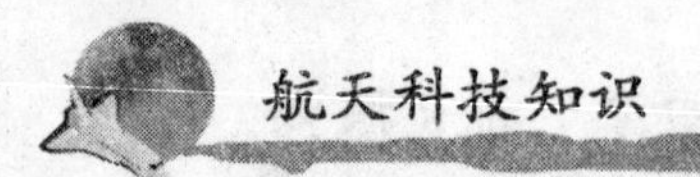



样。但是，宇宙确实没有尽头，我们找不到宇宙的边缘。

科学家们从宇宙的形状上去解开“宇宙有限，但无尽头”之谜。以球形的地球表面来说，从任何一点出发一直往前走，我们找不到地球的边缘，但可以回到原来的出发点。这说明二维空间的地球表面没有尽头，但却是有限的。如果宇宙是一个三维空间的球体，那么，在这个球体中的任何一点，不管从上下左右前后哪个方向前进，我们找不到边缘，但可以回到原来的出发点。不过，科学家们认为，宇宙不一定是一个球体，也可能是轮胎形、克莱因瓶形或其他什么形状。

宇宙今后的发展有两种可能，即继续膨胀下去或到一定时间转而收缩。不管哪种发展，都将走向死亡，回复到混沌宇宙蛋的状况。但科学家们不知道宇宙还有多少寿命，这会是一个很长的时间！

## 给金星降温

被称为地球姊妹星的金星直径（6050 千米）与地球直径（6371 千米）相差无几，密度（5.25 克/立方厘米）略低于地球（5.52 克/立方厘米），具有与地球相似的石质地壳与内部结构。但金星却拥有一个远比地球浓厚的由 97% 二氧化碳组成的大气层，表面气压高达 90105 帕。特别是其表面烈日酷暑、铄石流金，温度达 465 ~ 485 摄氏度。显然金星根本不适合地球型生命生息。而要将金星改造成人类的太空迁徙地，首要任务是降温。

研究表明，金星内部传到其表面的热量只占 0.5%。其高温酷热的原因出于浓厚二氧化碳的温室效应。原来二氧化碳具有与玻璃温室保暖过程完全相同的保温特性，即能让太阳的可见光、紫外线等短波辐射畅通无阻通过，而对反射的红外线等长波辐射却百般阻挠。所以，实现金星降温的途径无非是，从减小太阳热辐射入手，或从降低大气二氧化碳浓度、减弱温室效应开始。而核弹恰好能担此重任。

人们发现，太阳辐射通过大气，会因其中飘浮的微粒散射或云层反射而减弱，这就是所谓的“阳伞效应”。因此，只要在金星与太阳之间布上几片尘埃云，其产生的阳伞效应即可减弱或挡住一部分射向金星的阳光，就达到了使其表

面降温的目的。要在巨大的金星面前人工铺设遮挡太阳的尘云，其规模之大，是现代任何工程都无法比拟的。所需要的几十亿吨的尘土从地面运去，或从月球、小行星上挖掘，显然都得不偿失。最好的办法，就是利用核弹就地取材。有人设想，只要在金星上引爆两个一定当量的核弹，即能在金星大气层制造出弥天大尘雾，足以使射向金星的阳光减弱。当太阳辐射减少到50% ~80%时，金星气温就会开始以每星期1 ~3 摄氏度的速度下降。几年后，金星气候将变得像地球一样冷暖适中。

早在1952年有个叫尤里的科学家就发现，在环境温度较低时，空气中二氧化碳气体会被岩石吸收；当温度升高时，岩石中的二氧化碳气体又会自动释放出来。所以，一旦金星的气温降低以后，其大气中浓厚的二氧化碳气体就会逐渐被金星上岩石吸收，温室效应也将随之减弱。这样，利用核弹为金星降温，既可釜底抽薪达到减少太阳辐射的目的，又能一箭双雕收到降低二氧化碳浓度、减弱温室效应的效果，从而一劳永逸地根治金星的“高温病”。

## 人类探测火星简史

1996年，著名天文学家卡尔·萨根在应NASA（美国宇航局）要求而写的报告中列举了探测火星的理由：

（1）火星是地球上人类可以探索的最近行星。

（2）大约40亿年以前，火星与地球气候相似，也有河流、湖泊甚至可能还有海洋，未知的原因使得火星变成今天这个模样。探索使火星的气候变化的原因，对保护地球的气候条件具有重大意义。

（3）火星有一个巨大的臭氧洞，太阳紫外线没遮拦地照射到火星上。可能这就是海盗1号、海盗2号未能找到有机分子的原因。火星研究有助于了解地球臭氧层一旦消失对地球的极端后果。

（4）在火星上寻找历史上曾经有过的生命的化石，这是行星探测中最激动人心的目的之一，如果找到，就意味着只要条件许可生命就能在宇宙中行星上崛起。

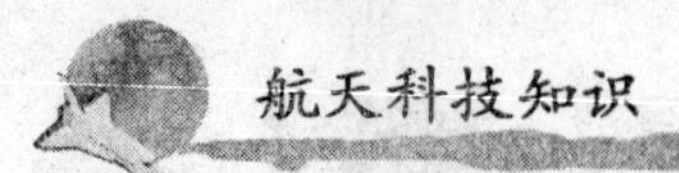



（5）查明今日火星上有无绿洲，绿洲上有无生命以及生命存在的形式类型。

（6）火星探测是许多新技术的试验场地，这些技术包括大气制动利用火星资源产生氧化剂和燃料返程用遥控自动仪和取样远程通讯等。

（7）虽然南极陨石提供了火星上少数未知地域的样本，但只有空间探测才能窥其全貌。

（8）从长期来看，火星是一个可供人们移居的星球。

（9）由于历史的原因，公众对火星探测的支持和共鸣是任何其他空间探测对象难以相比的，火星探测是进行国际合作的理想项目。

目前对火星的主要探测事件有：

①1962 年前苏联火星 1 号探测火星失败；②1965 年美水手 4 号探测器飞越火星；③1971 年前苏联火星 2 号在火星着陆；④1972 年美水手 9 号沿火星轨道飞行；⑤1976 年海盗 1 号和 2 号在火星着陆；⑥1989 年福波斯 1、2 号飞往火星途中失踪；⑦1993 年火星观察者抵火星轨道前失踪；⑧1996 年俄“火星－96”发射失败；⑨1997 年火星环球勘探者进入火星轨道；⑩1997 年美火星探路者在火星着陆；⑪1998 年美国发射火星气候探测器；⑫1999 年美发射火星极地着陆者探测器；⑬2003 年欧洲发射“火星快车”；⑭2009 年俄罗斯发射探测“火卫一”。

## 火星上的水

一个星球上是否有生命的存在，是否适合居住，水的存在与否是个重要的指标。一般认为，在火星的低压下，水无法以液态存在，只在低海拔区可短暂存在。而冰倒是很多，如两极冰冠就包含大量的冰。2007 年 3 月，NASA 就声称，南极冠的冰假如全部融化，可覆盖整个星球达 11 米深。另外，地下的水冰永冻土可由极区延伸至纬度约 60 度的地方。

此外，还有更大量的水冻在厚厚的地下冰层，只有当火山活动时才有可能释放出来。史上最大的一次是在水手谷形成时，大量水释出，造成的洪水流划出众多的河谷地形，流入克里斯平原。另一次较小但较近期的一次，是在 500 万年前

科伯洛斯槽沟形成时，释出的水在埃律西姆平原形成冰海，至今仍能看见痕迹。巨大的洪水道和具有树枝状支流的河道被发现，但是还是没发现更小尺度的洪水来源。很有可能就是这些已被风化侵蚀，表示这些河道是很古老的。火星全球勘测者高解析照片也发现数百个在陨石坑和峡谷边缘上的沟壑。它们趋向坐落于南方高原、面向赤道的陨石坑壁上。因为没有发现部分被侵蚀或被陨石坑覆盖的沟壑，推测他们应是非常年轻的。

对于火星上有冰存在的直接证据在2008年6月20日被凤凰号发现，凤凰号在火星上挖掘发现了八粒白色的物体，当时研究人员揣测这些物体不是盐（在火星有发现盐矿）就是冰，而四天后这些白粒就凭空消失，因此，这些白粒一定升华了，但是盐是不会有这种现象的。NASA火星探测计划（Mars Exploration Program）的首席科学家麦克·梅尔（MichaelMeyer）表示，只有含大量液态水才能形成这样的样貌。而水是出自降水、地下水或其他来源仍是一个疑问。不过也有人提议，这可能是二氧化碳霜或是地表尘埃移除造成的。2008年7月31日，美国航空航天局科学家宣布，凤凰号火星探测器在火星上加热土壤样本时鉴别出有水蒸气产生，也有可能是被太阳烤干了，因为火星离太阳近，从而最终确认火星上有水存在。

另外一个关于火星上曾存在液态水的证据，就是发现特定矿物，如赤铁矿和针铁矿，而这两者都需在有水环境才能形成。

## 波特尔黑暗天空分类法

你的天空有多黑？对这一问题的精确回答有助于对观测场地进行比较，更重要的是，它有助于确定在这个观测地你的眼睛，望远镜或者照相机是否能达到它的理论极限。而且，当你记录一些天体的边缘细节时，例如，一条极长的彗尾，一片暗弱的极光，或者星系中难以察觉的细节，你需要精确的标准来对天空状况进行评定。

在互联网以及新闻组中，我看到许多初学者（有时甚至是富有经验的观测者）的帖子，它们想知道如何对它们的天空质量进行评定。不幸的是，现今绝大多数的星空观测者从没有在真正黑暗的天空环境中观测过，因此，他们缺乏一个参考框架来对当地的观测条件进行评价。许多人声称在“很暗”的观测地进行观测，但从他们的描述中我可以清楚地发现，他们所描述的天空仅只能算是一般的暗而已。现今大多数的观测者无法在合理的驾驶里程之内找到一个真正黑暗的观测地。因此，一旦能找到一个用肉眼就能看到 6.0 ~6.3 等恒星的半乡村地点，他们就认为已找到一个观测的极乐世界了！

30 年前，从市中心驾车一小时就能找到一片真正黑暗的天空。而现在你通常则需要开上 250 千米或更多。在我的观测生涯中，我目睹了日渐严重的光污染一点点蚕食我们的星空。在许多年前，在美国的东北部这片高度城市化的土地上，我曾见过近似纯美的天空。可是现在已不太可能了。

## 极限星等是不够的

业余天文学家通常使用裸眼所能见的最暗恒星的星等来评定他们的天空。然而，裸眼极限星等是一个比较粗糙的标准。它过于依赖个人的视觉能力，以及观测时间和观测暗弱天体的能力。一个人眼中“5.5 等的天空”在另一个人眼中可能是“6.3 等的天空”。此外，深空天体观测者需要对恒星和非恒星天体的能见度进行评价。光污染会对弥散天体的观测造成影响，例如彗星，星云和遥远的星系。

为帮助观测者评定一个观测地的黑暗程度，我建立了一套含有 9 个等级的分类法。它基于我近 50 年的观测经验。可能它会使你感到有些惊讶，但我希望它对你有所启示，有所帮助。如果它能被广泛地使用，它就能提供一个比较观测地的统一标准。同样，对研究人员也会有帮助。总之，我希望它能成为我们的得力助手。

## 评定你的天空

第一级：完全黑暗的天空。黄道光，黄道带，以及对日照都能看到。黄道光

达到醒目的程度，而且黄道带延伸到整个天空。甚至仅使用肉眼看，M33也是一个极为清晰的天体。天蝎座和人马座中的银河区域可以在地面上投下淡淡的影子。经过努力之后，裸眼的极限星等可以达到7.6~8.0等；天空中的木星或金星甚至会影响肉眼对黑暗的适应程度。气辉（一种一般出现在地平线上15度的天然辉光）也稳定可见。使用32厘米的望远镜，经过努力可以看到暗至17.5等的恒星，使用50厘米的望远镜在中等倍率下可以达到19等。如果你在由树木围绕的草地上观测，那你几乎无法看到你的望远镜、同伴和你的汽车。这里是观测者的天堂。

第二级：典型的真正黑暗观测地。沿着地平线气辉微弱可见。M33可以被很容易地看到。夏季银河具有丰富的细节，在普通的双筒镜中其最亮的部分看起来接像有着纹路的大理石。在黎明前或黄昏后的黄道光仍很明亮，可以投下暗弱的影子，与蓝白色的银河比较它呈现很明显的黄色。任何在天空中出现的云就好像是星空中的一个空洞。除非在星空的照耀下，你仅能模糊地看到你的望远镜和周围的事物。梅西耶天体中许多球状星团都是用肉眼就能直接看到的目标。裸眼的极限星等可达到7.1~7.5等，32厘米望远镜则可达到16~17等。

第三级：乡村的星空。在地平线方向有一些光污染的迹象。云在地平线处会被微微地照亮，但在头顶方向则是暗的。银河仍然富有结构，M4、M5、M15和M22等球状星团仍是肉眼明显可见的目标。M33也很容易被看到。黄道光在春季和秋季很明显，但它的颜色已难以辨别。距离你6到9米的望远镜已变得模糊。裸眼的极限星等可达到6.6~7.0等，32厘米反射望远镜则可达到16等。

第四级：乡村/郊区的过渡。在人口聚集区的方向光污染可见。黄道光较清晰，但延伸的范围很小。银河仍能给人留下深刻的印象，但是缺少大部分的细节。M33已难以看到，只有在地平高度大于50度时才勉强可见。云在光污染的方向被轻度照亮，在头顶方向仍是暗的。你能在一距离内辨认出你的望远镜。肉眼的极限星等可达到5.5等，32厘米望远镜在中等放大倍率下可以达到15.5等。

第五级：郊区的天空。仅在春秋季节最好的晚上才能看到黄道光。银河非常的暗弱，在地平向方向不可见。光源在大部分方向都比较明显，在大部分天空，云比天空背景要亮。肉眼的极限星等为5.5~6.0等，32厘米反射望远镜则为

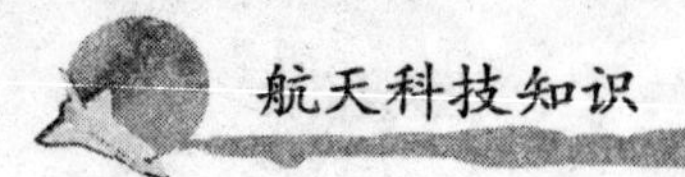


14.5~15 等。

第六级：明亮郊区的天空。甚至在最好的夜晚，黄道光也无法被看到。仅在天顶方向的银河才能看见。天空中的地平高度 35 度以下的范围都发出灰白的光。天空中的云在任何地方都比较亮。你可以毫不费力的看到桌上的目镜和一旁的望远镜。没有双筒镜 M33 已不可能看到，对于肉眼来说 M31 也仅仅是比较清晰的目标。肉眼极限星等为 5.5 等，32 厘米望远镜在中等放大倍率下可以看到暗至 14.0~14.5 等的恒星。

第七级：郊区/城市过渡。整个天空呈现模糊的灰白色。在各个方向强光源都很清晰。银河已完全不可见。M44 或 M31 肉眼勉强可见且不十分明显。云比较亮。甚至使用中等大小的望远镜，最亮的梅西耶天体仍显得苍白。在真正的尝试之后，肉眼极限星等为 5.0 等，32 厘米反射望远镜勉强可以达到 14.0 等。

第八级：城市天空。天空发出白色、灰色或橙色的光，你能毫不困难的阅读报纸。M31 和 M44 只有在最好的夜晚才能被有经验的观测者用肉眼看到。用中等大小的望远镜仅能找到最亮的梅西耶天体。一些熟悉的星座已无法辨认或是整个消失。在最佳情况下，肉眼极限星等为 4.5 等，32 厘米反射望远镜则为 13 等。

第九级：市中心的天空。整个天空被照得通亮，甚至在天顶方向也是如此。许多熟悉的星座已无法看见，巨蟹座、双子座等暗弱的星座根本看不到。也许除了昴星团，肉眼看不到任何的梅西耶天体。只有月亮、行星和一些明亮的星团才能给观星者带来一些乐趣（如果能观测到的话）。肉眼极限星等为 4.0 等或更小。

## 太阳数十亿年后剧烈膨胀地球难逃毁灭

英国沃里克大学的天文学家们介绍说，他们在室女座中发现了一颗致密的白埃矮星，其距离太阳系约 463 光年。这颗编号为 SDSS1228 + 1040 的白矮星也曾是一颗恒星，但在其演化的最后阶段，却发生了膨胀，导致周围约 8 亿千米范围内的行星均被摧毁。而现在围绕在 SDSS1228 + 1040 周围的富含甲烷的气态云团便是由这些行星的残留物所构成的。

天文学家鲍利斯·根西克表示：“SDSS1228 + 1040 是我们所取得的一项重要

发现。考虑到50亿~80亿年后太阳也将演变为一颗白矮星，因此，从理论上讲，对SDSS128+1040进行研究，将使我们能够看到太阳系的未来。”

持续的观测显示，在SDSS1228+1040周围存在着一个由镁、铁和钙等元素组成的气态圆盘。而其主要来自原先的行星和恒星的抛出物。

有科学家指出，太阳目前的稳定状态主要得以于其内部所蕴涵的丰富氢元素，一旦这些“燃料”燃烧殆尽，太阳将进入一个新的演化阶段：体积开始膨胀并最终演变为一颗巨大的红巨星。届时，距离太阳较近的水星和金星都将被这颗红巨星所吞没，之后，地球也将难逃毁灭的命运。

科学家们认为，任何白矮星都曾是像太阳一样的恒星。然而随着岁月的流逝，它们会不断膨胀并演变为红巨星。在此过程中，这些逐渐死亡的恒星会摧毁其附近的所有行星并将它们汽化为所谓的行星“云雾”。在红巨星的能量燃尽之后，将演变为白矮星。

通过分析所获取的数据，专家们认为，演化为SDSS1228+1040白矮星的恒星已经完全摧毁了其周围的所有行星。因此，只有在距离SDSS1228+1040较远的地区还残留有一些小行星。

当然，我们所处的太阳系要在数十亿年后才能重蹈SDSS1228+1040及其周围行星的覆辙。

## 木星和土星的观测

### 木星的观测

木星是太阳系中最大的行星，它的体积是地球的1300多倍，质量是地球的300多倍。它是天上除金星以外最亮的星星，很容易找到。木星有16颗较大的卫星，还有一个宽约6500千米，厚约30千米的光环。用望远镜观测木星，可发现其突出的特征就是它那扁球形的外貌，这是因为木星自转得很快，不到10个小时就转一周，使木星赤道附近明显地鼓了起来。用小望远镜观测木星，可以侧重观测木星的四个大卫星：木卫一、木卫二、木卫三、木卫四。这四个卫星是1610年伽利略首先用望远镜发现的，所以也叫做伽利略卫星。

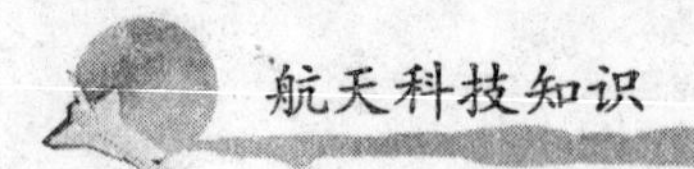


观测木星卫星的时候，首先在白纸上画一个直径5~6毫米的圆，表示木星的视圆面。然后从望远镜中找到木星的卫星，用木星的直径作单位估计各个卫星到木星的距离，并把卫星画在白纸上。木星卫星在绕木星旋转的过程中，有时候会在水星表面上通过，有时候会走进水星的影子里。有时会从木星的背面经过，因此，用小望远镜观测木星的四颗大卫星，有时候只能看到三个或者两个。

木星表面还有一些平行于赤道的条纹，这是木星上的大气环流造成的。在木星南纬大约20度的地方，有一个著名的蛋形红斑，由于它的形状比较规则，当它随着木星自转而朝向我们的时候很容易辨认出来。因此，观测木星表面，要详细记录条纹和大红斑。

**土星的观测**

土星的体积几乎是木星的一半。土星有浓密的云层，有23个天然卫星。在上星的赤道平面上围绕着一个美丽的光环，这是土星的最突出的特征。上星的光环是由无数的质点组成的，这些质点都和卫星一样围绕着土星旋转。用小望远镜观测土星，可以侧重观测土星的光环。

长期用望远镜观测土星，还可以发现它的光环的方位是会改变的。当光环平面正对着我们的时候，光环就成为一条细线，这是因为光环特别薄。土星光环的宽度约二三十万千米，但它的厚度只有十几千米，最大厚度也不超过150千米。土星的光环被若干暗缝所分开，成为好几个环。用小望远镜还有可能看到土星的最大卫星土卫六，它16天左右绕土星运行一周。它的直径约4840千米，是太阳系中最大的一个卫星，比水星还要大。土卫六的上面有大气层，这也是太阳系卫星中仅有的现象。

## 庞大的土卫家族

从好多天文照片上我们都能看到土星有个美丽的光环。实际上，土星的美丽光环是由无数个小块物体组成的，它们在土星赤道面上绕土星旋转。

土星是太阳系中卫星数目最多的一颗行星，周围有许多大大小小的卫星紧紧围绕着它旋转，形成一个小家族。近几年随着观测技术的不断提高，大行星卫星

的数量急剧攀升，目前已发现的土星卫星就已经超过了60颗。土星卫星的形态各种各样，五花八门，使天文学家们对它们产生了极大的兴趣。这其中最著名的莫过于是“土卫六”了。“土卫六”出众的地方在于它上有大气，是目前发现的太阳系卫星中，唯一有大气存在的天体。

土星的卫星众多，在宇宙飞船探测土星之前，人们知道土星有10颗卫星，它们的名称并不是按照离土星的远近来排列的。土卫一到土卫十按距离土星由近到远排列为：土卫十、土卫一、土卫二、土卫三、土卫四、土卫五、土卫六、土卫七、土卫八、土卫九。最近的土卫十离土星的距离只有159500千米，仅为土星赤道半径的2.66倍，已接近洛希极限。这些卫星在土星赤道平面附近以近圆轨道绕土星转动。

跟木星卫星不一样，土星卫星不能简单地以成分和密度来归类划分。“旅行者号”所发现的卫星显示出复杂多样的特征。1980年，当旅行者号探测器飞过土星时，在原有的九颗卫星基础上，又发现了八颗新的卫星。但是这还是很难说土星究竟有多少卫星。一些组成土星光环的较大的粒子实际上也许就是小卫星。

土星在太阳系中拥有的卫星最多。极小的土卫一有一个创痕，那是太阳系中最明显的创痕之一。一个巨大的陨石坑显示出它曾受过一次几乎将其一分为二的重创。重创之下的这个巨大陨石坑直径约为整个星球的三分之一。

土卫二有一个断层系统以及从未受过陨石冲击的大区域。陆潮受热可能在重建表面的过程中发挥了重大作用。这种活动似乎就发生在最近，这也可以用来解释它的表面为何光彩夺目。土卫二几乎反射所有的光线，其冰冻的表面可能会被来自内部的水不断覆盖。

土卫三也是从明显的宇宙暴力之中幸存下来的。一条巨大的沟壑从卫星的一端伸展到另一端。这个长狭谷看起来是由内部力量而引起的。它内部凝固和膨胀的压力使其表面产生裂缝。科学家们无法解释一个至少80%由水冰组成的卫星是如何经受住这样的地质活动的。

土卫四和土卫五的某些地域非常坑坑洼洼，另一些地方则平坦得多。表面的白色条状表明在这两颗卫星上曾经有水冒出。

土卫七看上去像是较大物体的一个碎块。它不规则的形状和极度坑坑洼洼的

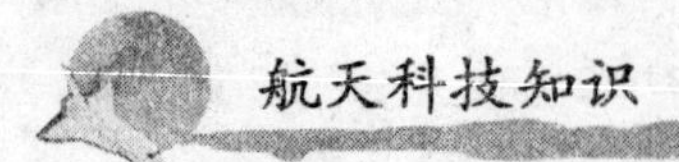


表面使它看似一个稍大的小行星。这颗卫星的碎片现在可能已进入了土星光环。

土卫八一侧很亮，另一侧很暗。亮的那侧能将大约一半照射到的光反射出去，而另一侧几乎一片黑暗。黑色物质里可能包含着有机碳、生命必需的组成成分之一。

1977年人们发现了土卫十一，1979年“先驱者1号”飞临土星时，探测到了第十二颗卫星。为了纪念它的功绩，起名为“先驱者号”。“旅行者1号”飞船于1980年10月26日和11月10日在近距离考察土星时，又发现了5颗卫星。1981年8月25日“旅行者2号”在距土星云层之上101000千米处掠过，考察了土星及其光环和9个卫星。这次飞掠土星时，又发现了6颗卫星。

现已确认的土星卫星共23颗。距土星最近的是土卫十五，它与土星的距离为13.7万千米，仅为卫星到土星中心的2.29个土星半径，公转周期为0.601天，其半径只有15千米；最远的是土星九，平均距离约1293万千米，它距土星中心为216个土星半径。

土卫八的轨道面与土星赤道面的交角为7度52分，属于不规则卫星。土卫九的轨道面与上星赤道面的交角为175度，逆行，轨道偏心率达0.163，也属于不规则卫星。其余的卫星均为规则卫星。有趣的是，土卫四和土卫十二、土卫十和土卫十一都是两两同一条轨道上；而土卫三、土卫十六和土卫十七则是三星同居一轨道。从飞船发回的资料看，没有发现这些卫星上有火山活动的痕迹。

“旅行者号”探测器的探索结果使人们深信那曾经支配了土星早期历史的猛力作用。土星卫星看起来像是无尽爆炸袭击的幸存者。它们明亮的冰封表面受到了无数陨石的创伤。但是这些卫星中有一个与早期的地球非常相似。也许某一天，有着浓厚大气层的土卫六能够进化出顽强的生命。

## 为何土卫六备受关注

土星的卫星中，土卫六是天文学家关注的天体之一。它于1655年被荷兰天文学家惠更斯发现。

长期以来，土卫六一直被认为是太阳系卫星中体积最大、比水星还大的卫星

之王。然而旅行者号探测器的一次近距离测量，在35千米处拍下5张高分辨率的照片，这才使得人们对它由了初步的认识。照片上土卫六展现出美丽的橘红色的星体，像一个熟透了的橘子。更重要的是收到的数据资料，改写了土卫六原来5800千米的直径，实际直径应为4828千米，迫不得已地把“卫星之王”的桂冠转让给了木星的卫星木卫三，屈居第二。这并没有影响它的地位，科学家们一直对土卫六很感兴趣，原因在于它是卫星中唯一有大气存在的天体。大气的主要成分是氮，约占98%，甲烷占1%，其余的碳氢化合物在大气中所占比例非常小，大气层厚度约为2700千米。土卫六的表面温度很低，在－190～－210℃之间，使之形成了美丽的液氮海洋。液态表面下有一个冰幔和一个岩石核心。飞船未发现存在任何生命的痕迹。土卫六能向外发射电波，使人感到迷惑。此外，土卫六轨道附近有一个氢云。

科学家们对土卫六“情有独钟”，除来自它有大气层外，还有别的原因。首先，土卫六的直径为4828千米，在卫星世界中居第二位，比冥王星大许多，跟水星的个头儿差不多。它的质量是月球质量的1.8倍，平均密度为每立方厘米1.9克，约为地球密度的三分之一，引力则为地球的14%。

土卫六与土星的平均距离为122万千米，沿着近乎正圆形的轨道绕土星运动。它像月球一样，总以同一面向着自己的行星——土星。也就是说，如果在土星上看土卫六的话，永远只能看到土卫六的同一个半面。它的轨道基本上在土星赤道面内。你可以想一想，土卫六这么大的天体，沿着大约122万千米的半径，居然运动在近乎正圆的轨道上，这真是有点难以想象的事。如果让我们专门画这样一个圆，恐怕也是不容易办到的。足见天体演化中的自然奇观。

其次，根据土卫六的运动特征、物理状况和化学成分，天文学家们判定土卫六是和土星一起演化形成的，属于稳定卫星，不可能是土星后来捕获的小天体。一些天文学家曾一度将土卫六的质量、体积、表面重力、表面温度、大气成分、水和冰的含量、自转和公转等天体特征和天体环境与地球进行比较，目的是想从中获取有关早期生命物质演化的蛛丝马迹。

从地球上看去，土卫六是一颗8.4等星。凭眼睛直接看是绝对看不到的。用较好的天文望远镜观测它，也只能看到一个小小的红点似的盘状体。为什么是这个颜色呢？有人认为这可能是因为土卫六上存在着复杂的有机分子。当然，完全依靠地面观测是解决不了这类问题的，只能是“纸上谈兵”。

虽然我们看不到土卫六的表面，但“旅行者”号探测器为我们提供的资料显示：土卫六是太阳系中的又一个奇异世界：黑暗寒冷的表面、液氮的海洋、暗红的天空、偶尔洒下几点夹杂着碳氢化合物的氮雨等。这些是人类了解生命起源和各种化学反应的理想之处。

当然，判断哪个天体上有没有生命，这是一个十分严肃的科学问题。从目前看，恐怕过于乐观是不现实的，然而过于悲观也是没有根据的，实践是检验真理的唯一标准。至于土卫六上的生命信息，至今仍是个不容乐观的谜，但是一定会在不断探测的实践中得到解决。

从惠更斯发现土卫六起，300 多年来，关于土卫六的不解之谜似乎越来越多。其实这是不奇怪的，这表明我们的认识越来越深刻。伟大的波兰天文学家哥白尼就曾说过：“人的天职是勇于探索。”相信随着航天事业的进步，我们一定能得到一个圆满的答案。

## 哈勃号太空望远镜介绍

哈勃号太空望远镜是被送入轨道的口径最大的望远镜。它全长 12. 8 米，镜筒直径 4. 27 米，重 11 吨，由三大部分组成：第一部分是光学部分，第二部分是科学仪器，第三部分是辅助系统，包括两个长 11. 8 米，宽 2. 3 米，能提供 2. 4 千瓦功率的太阳电池帆板，两个与地面通信用的抛物面天线。镜筒的前部是光学部分，后部是一个环形舱，在这个舱里面，望远镜主镜的焦平面上安放着一组科学仪器；太阳电池帆板和天线从筒的中间部分伸出。

望远镜的光学部分是整个仪器的心脏。它采用卡塞格林式反射系统，由两个双曲面反射镜组成，一个是口径 2. 4 米的主镜、另一个是装在主镜前约 4. 5 米处的副镜，口径 0. 3 米。投射到主镜上的光线首先反射到副镜上，然后再由副镜射向主镜的中心孔，穿过中心孔到达主镜的焦面上形成高质量的图像，供各种科学仪器进行精密处理，得出来的数据通过中继卫星系统发回地面。

除了光学部分，望远镜的另外一个主要部分就是装在主镜焦平面上的8台科学仪器，分别是：宽视场和行星照相机、暗弱天体照相机、暗弱天体摄谱仪、高分辨率摄谱仪、高速光度计和3台精密制导遥感器。

这些科学仪器是为望远镜在最初几年运转期间所配备的。为了使太空望远镜能够充分利用最新技术成果，焦平面上的这些仪器设计成可作各种不同组合和更换方式。在望远镜工作期间，可以通过航天飞机上的航天员进行维修更换，必要时，也可以用航天飞机将整个望远镜载回地面做大的修理，然后再送入轨道。太空望远镜的寿命按设计要求至少15年，估计实际可达几十年。

太空望远镜在距地面500千米的太空上进行观测，不仅不受恶劣气候的影响，每天都可以进行观测，而且摆脱了地球大气的干扰，能够达到地面上任何望远镜也达不到的高灵敏度和高分辨能力。

但不幸的是，由于制造上的误差，哈勃太空望远镜不能辨别140亿光年以外的物体，而只能看清40亿光年的物体。另外，它的太阳能电池板因热胀冷缩还存在颤抖。为此，美国的数名宇航员于1993年进行了两次检修，经过艰苦的努力，终于修复了患了“近视”的哈勃太空望远镜，使其分辨率达到最初要求。

## 国际天文学联合会通过决议太阳系只剩八大行星

北京时间2006年8月24日晚间，在捷克首都布拉格召开的第26届国际天文学联合会闭幕大会上，2500位来自不同国家的天文学代表对四个关于确定太阳系行星身份的草案进行投票表决后决定，冥王星失去“行星”地位，被划为“矮行星”。这意味着，太阳系将只有八颗行星。

在各方对行星定义表决草案多次修改之后，一份包含四个草案的文本终于发放到与会代表手中，并就此进行表决。最终，一号草案优势明显地获得通过。

这一决议通过并生效后，金星、土星、木星、水星、地球、火星、天王星和海王星成为太阳系八大行星，而冥王星与谷神星、卡戎星和2003UB313（齐娜星）一起，被归入矮行星，无缘行星行列。

此外，三号决议草案以微弱优势获得通过。该草案中，冥王星在被定义为矮行星的基础上，又被认定为新一类海外天体的原型。这在一定意义上也是对冥王星地位的一种承认，它成为这类新称号天体的代表。二号和四号决议草案被否决未获通过。

据了解，一直以来行星被简单地描述为太空中绕恒星运动的天体，而没有一个被普遍承认的行星定义。近年来天文学家在太阳系外层空间发现许多绕日运行的大型天体之后，国际天文学联合会认为对行星一词进行科学定义势在必行。

## 科学家发现怪异超新星周围弥漫黑暗能量

由来自美国加利福尼亚州理工学院、加拿大多伦多大学和美国劳伦斯·伯克利国家实验室的一个国际天文学家小组日前研究发现了一个巨大的1a型超新星，这颗超新星的体积远远超出了我们原先的想象，这使得科学家们不得不重新审视原先的超新星爆炸形成的理论。这一研究成果已经被发表在了最新一期的《自然》杂志上。

负责这项研究工作的是来自加拿大多伦多大学的天文学家安迪·霍维尔（音），他把这颗超新星命名为“SNLS－03D3bb”。这颗超新星位于距离地球40亿光年的星系当中，它是由一个古老的恒星演变而来的，目前的状态是一颗白矮星，它的体积超过的我们目前发现的任何一颗超新星。这颗超新星一般情况下是由于热核爆炸而形成的，但是这一颗似乎有些不同。

天文学家们是通过由加拿大和法国联合制造的夏威夷天文望远镜对这个遥远的星系进行观测时发现这颗超新星的。发现这颗超新星后对其光谱的分析工作是由美国加利福尼亚州理工学院的天文学家斯蒂尔·埃利斯（音）教授完成的，他利用10米的大型天文望远镜对这颗超新星进行了细致的观测，并最终确定了这颗超新星的最主要的特征参数。

天文学家们称，“SNLS－03D3bb”非常的与众不同，用现在的超新星理论无法解释其特征，它就像是传说中的“潘多拉”之盒。更多奇怪的是，在它的周围存在着大量的“黑暗能量”，科学家们还无法解释这些能量在超新星爆炸的过程中起到了什么样的作用，它们为什么会在这里出现。

现代的天文学理论认为，1a 型超新星是当白矮星的质量积累到太阳的 1.4 倍，即钱德拉塞卡极限以上后发生爆炸而形成的。这一个重要的限度是诺贝尔物理学奖获得者沙伯拉曼·钱德拉塞卡（音）于 1930 年发现的，这一限度也是建立在一个标准的天文物理理论基础上的。近几十年以来，天文学家们一直是按照这个标准来进行天文学研究的。但是“SNLS－03D3bb”超新星在爆炸时的质量已经接近了太阳的两倍，这显然与我们已知的理论不符。

参与了这项研究工作的来自俄克拉荷马州大学的大卫·布鲁斯（音）教授称，“这颗超新星的发现将会打破钱德拉塞卡极限，我们现在要做的就是研究自然界如何造就了这一现象，那么超新星爆炸的极限质量究竟是多少。”但是也有其他的科学家们怀疑这颗超新星是由于两次爆炸而形成的，第一次爆炸是在原有的恒星达到钱德拉塞卡极限时发生的，而第二次爆炸应该是当两颗白矮星合并时发生的，只有这种解释才能在不打破钱德拉塞卡极限的情况为这颗超新星的存在自圆其说。

此前，天文学家们发现的所有的 1a 型超新星的亮度基本上都差不多，它们在宇宙中也很容易被发现。但是自 1998 年以来，天文学家们发现宇宙中发生爆炸事件的频率比以前高了许多。尽管天文学家们相信宇宙中的超新星爆炸事会对宇宙的加速成长造成很大的影响，但是他们在对宇宙深处的超新星进行探测器也越来越谨慎了。

埃利斯称：“这是一个重大的发现，尽管我们目前还无法证实它的形成过程，但它开阔了我们的眼界，使我们再一次认识到了大自然的神奇。另外一方面，这颗超新星的发现也说明了宇宙正在加速膨胀，而黑暗能量在这一过程中发挥着非常重要的作用。在今后的探测研究工作中，我们应该着力提高探测的精度，这样才能对更多的超新星有一个更加全面、清楚的认识，而对这颗超新星的研究将为我们今后的超新星研究奠定良好的基础。”

## 大自然如何打造行星？过程千奇百怪不可思议

法国巴黎天体物理研究所与英国和瑞士科学家共同合作，最近在太阳

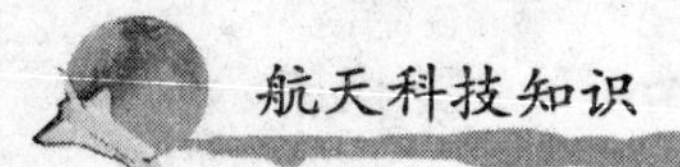


系外发现了两个正在形成的新的行星。这两个行星分别被命名为 WASP－1b 和 WASP－2b。WASP－1b 位于仙女星座，距地球大约 1000 光年；WASP－2b 位于海豚座，距地球大约 500 光年。据法国天体物理研究所介绍，这两个行星与木星一样属于气体星球，但它们绕恒星公转一周的周期分别为 2.5 天和 2.2 天，而木星环绕太阳公转一周的周期大约是 12 年。此外，由于离恒星近，这两个行星的表面温度都很高，因此属于“热木星”类行星。

这两颗行星的发现和鉴定主要借助于英国 SuperWASP 系统的光测技术和法国新一代摄谱仪的径向速度测量技术。研究人员表示，尽管用肉眼难以看见这两个行星，但天文爱好者借助一台非专业望远镜就能看见。

北京天文馆馆长朱进对此解释说，这两个新行星的发现方法叫做“凌掩法”。当行星运行到地球与恒星之间时，行星会使恒星的亮度有所减弱。如果这时用亮度精度很高的仪器观测，就会发现恒星的亮度有周期性的微小变化，从而推测其周围有行星的存在。加上这两个新发现的行星，目前天文学界利用“凌掩法”发现的太阳系外行星已经达到 14 个。

迄今，科学界已发现 200 多个与太阳一样有行星围绕其公转的恒星，而围绕这些恒星公转的行星特别引起天文学界的兴趣，因为对这类行星及其质量的分析，可以帮助科学界了解气体星球的内部结构，并通过与太阳系同类星球进行比较，更好地了解行星的形成和演变。

据悉，法国近期将与欧洲其他国家合作发射一颗名为 COROT 的天文卫星，以期找到更多的太阳系外行星。

美国航空航天局（NASA）2005 年夏天开始投入使用的“斯皮策”空间望远镜为太空开辟了更广阔的视野，它专门用于接受穿透力强的红外线，可以观测厚而致密的星云中恒星和行星的形成过程。运行仅仅数月之后，“斯皮策”空间望远镜超出了创建者们最乐观的预期。它不仅找出了行星形成的明显证据，而且揭示出行星形成过程之奇异、随机，其千奇百怪不可思议的程度远远超出人们的想象。

# 以往的行星形成假说受到质疑

天文学家很久之前提出过“勾兑”行星的基本方法，这种方法简单得很：捧一团星际分子云（基本成分是低温气体和尘埃），轻轻摇动，再等各种成分的运动沉淀下来，气体和尘埃开始在自身重力作用下坍缩，大量物质向中心聚集，于是形成了行星的雏形，不过原始星云的任何微小旋转在收缩过程中都会明显放大。旋转运动会将物质压成一个气体和尘埃构成的圆盘，在100万年的时间里向内旋转并降落在新生恒星上。尘埃圆盘里余下的物质开始形成行星。这一过程清楚地解释了为何我们太阳系的所有行星都朝同样的方向旋转，并且轨道几乎在一个平面上。

以上的解释都能自圆其说，但要解释行星如何从恒星剩余物质中形成则很费心思。人们提出了很多行星形成的详尽理论，但大多以大量假设为依据，很难分辨哪个或者究竟有没有一种理论符合真实世界的情况。美国亚利桑那大学的天文学家乔治·里克说：“我们真正需要的是让这些理论跳出想象。”

这些假说在10年前受到了质疑，因为天文学家首次发现太阳系外还有行星在围绕其他恒星运行。出乎所有人预料的是，这些星系与我们的太阳系截然不同。很多星系有所谓的“热木星”，也就是轨道距离恒星极近的庞大气体行星，温度超过1000摄氏度。还有很多新发现的行星以高度椭圆的轨道运行，有时距离恒星很近，有时又非常远。这也与太阳系行星通常接近圆形的轨道不同。

天文学家以前认为行星形成之后位置就不再变化，但“热木星”的存在表明，在行星生命早期，轨道常常会剧烈变化。大行星可能在一开始距离恒星比较远，然后由于引力作用呈螺旋状靠近。这种轨道改变可能毁灭已经形成的像地球这样的小行星，因为向内运动的大行星会像保龄球撞倒球瓶一样摧毁小行星。因此行星形成的时间是快还是慢、体积是大还是小至关重要。

电脑模拟显示，个头较小的类地行星形成过程很可能相当漫长，但这些也只是推测。里克说，它到底要花多长时间，是1000年还是1000万年？学者们可能会无休止地争论下去。科学家需要的是正在形成行星的真实星系的真实数据。这正是“斯皮策”空间望远镜每天正在取得的信息。

## 科学探索像从华尔兹舞跳到摇摆舞

2003年8月25日，耗资7亿美元的“斯皮策”空间望远镜升空了。不久它就为研究者们提供了一个重大发现。罗切斯特大学的天文学家丹·沃特森负责将摄谱仪得到的新恒星“Cohen－Kuhi4”的长波和短波数据结合起来。这颗恒星属于金牛座，距离地球420光年。但发现“Cohen－Kuhi4”还只是故事的开始。从那以后，科学家们又发现了一些类似的尘埃盘和其他众多年轻的恒星。

天文学家从这些观测数据中得出的结论是，行星形成过程“快慢有别”。“斯皮策”空间望远镜看到的尘埃盘的平均年龄有1亿年，是“Cohen－Kuhi4”周边行星形成时间的100倍左右。这令刚刚推断行星会以极快速度形成的天文学家们大感意外。他们本以为行星在形成过程中会用光周围的物质，令尘埃盘迅速消失。但“斯皮策”空间望远镜的观测结果表明，尘埃盘存在时间以及后期的行星形成过程可能要长得多。

尘埃盘不可能是最初的物质，因为最初物质会在很早之前落到恒星上。年龄比较大的恒星周围聚集这么多尘埃的唯一途径是大碰撞。肯定有比较大的星体（例如巨型彗星、小行星和原始行星）自尘埃盘中形成，随后又和另一个碰撞了。里克指出，行星在变得完全成熟之前有漫长曲折的路要走。即使在非常老的星系中，大碰撞仍在继续。

太阳系的周边潜伏着许多未知天体。由于太小和太远而无法反射阳光，它们几十亿年来都躲藏在黑暗中。但是现在，“斯皮策”空间望远镜正在揭开外层太阳系的奥秘，正如美国伯克利加州大学的天文学家尤金·蒋所说：“我们太阳系的周围很可能存在一个行星圈，有待天文学家发现。”

其实，让人吃惊之处在于这些行星的数量和大小。它们比火星还重，比冥王星轨道以外围绕太阳运行的最大岩石小行星“塞德娜”和“夸欧尔”还要大。

证据来自于一个发现，天文学家在海王星的轨道上发现了一个直径100千米的由冰和岩石构成的小行星。2002年它首次被发现的时候，它只是作为一个待解的现象而被记录下来。现在天文学家们认识到，它可能揭示了处于太阳系边缘的未知世界。

尤金·蒋并不是唯一认为我们已知的八大行星只是太阳系行星一部分的学者。美国西南研究院研究行星的天文学家阿伦·斯特恩深信，太阳系还有一些行星我们没有发现。他认为那是毫无疑问的事。太阳系肯定还存在地球大小的未知天体，有些可能比地球还大。

任何一个重要的新观测仪器投入使用之后，科学理论和实际观察之间总是像从节奏舒缓、优雅的华尔兹跳到指天画地令人目眩的摇摆舞。仅仅在进入轨道一年多之后，"斯皮策"空间望远镜已经大大加快了行星形成研究的进程，令很多科学家始料不及，不知所措。"斯皮策"空间望远镜正在暴露出天文学家对正在太阳系外太空形成的新世界，甚至可能存在适宜生物生存的新世界有多么无知。不过，对科学家们来说，处于求知者的地位不是坏事，因为真正的研究就是从这里开始的。

法国巴黎天体物理研究所进一步确认，他们与英国和瑞士科学家共同合作，最近在太阳系外发现了两个正在形成的新的行星。这两个行星分别被命名为WASP－1b和WASP－2b。WASP－1b位于仙女星座，距地球大约1000光年；WASP－2b位于海豚座，距地球大约500光年。

这两颗行星的发现和鉴定主要借助于英国Super WASP系统的光测技术和法国新一代摄谱仪的径向速度测量技术。研究人员表示，尽管用肉眼难以看见这两个行星，但天文爱好者借助一台非专业望远镜就能看见。

## 太阳系外新发现两颗炽热的行星

一个由英国、法国、瑞士天文学家组成的国际小组前不久在一颗距离遥远的恒星周围发现了两颗新的行星，差不多有木星大小。令人难以置信的是，这两颗

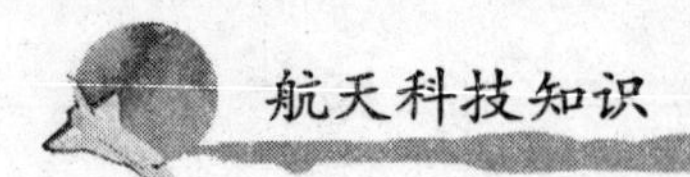


行星距离它们的母星非常近，只有水星到太阳距离的几分之一，使得二者得以跻身已经发现的最炽热的行星行列。天文学家们相信，它们的大气层正在不断受到母星强烈辐射的侵蚀作用。这两颗行星是英国领导的 Super WASP 项目利用凌星法发现的（注：WASP 是大视场行星搜索 Wide Angle Searchfor Planets 的缩写）。

通过凌星法搜寻行星对了解行星的形成具有重要意义。Super WASP 小组使用广角相机和高质量的 CCD 反复搜索了广袤天穹中的数百万颗恒星，寻找因为行星运行受到恒星前方引起的恒星光线暂时变暗的现象，也就是所谓的凌星。在目前已知的太阳系外行星中，只有十余颗行星能够发生凌星现象。尽管这种现象十分罕见，然而对于了解行星系统的形成以及地球的起源都具有重要意义。而且唯独这些行星能够可靠地测量出大小和密度。

新发现的两颗行星所环绕的恒星都与太阳类似，一颗比太阳稍微热且亮些、个头稍大，另一颗则略微冷暗、个头小些。前者位于仙女座，距离 1000 光年，后者位于海豚座，距离只有 500 光年。两颗星肉眼都不可见，而用小型望远镜则很容易看到。

两颗行星被分别命名为 WASP－1b 和 WASP－2b。它们都属于“热木行星”，因为都是巨大的气态行星，如同我们太阳系个头最大的木星。不同的是，它们到母恒星的距离要近得多。木星距太阳 8 亿千米，12 年公转一圈，而 WASP－1b 距离它的恒星只有 600 万千米，公转周期 2.5 天，WASP－2b 距离母星 450 万千米，公转周期只有 2 天。

这么近的距离意味着二者比我们太阳系中最热的行星——水星还要热。水星距离太阳 6000 万千米，表面温度超过 400 摄氏度，而 WASP－1b 的温度预计达到了 1800 摄氏度。有证据表明两颗新行星的大气层证在不断地剥离到太空中。

SuperWASP 小组目前正在计划使用哈勃太空望远镜和斯必策太空望远镜对两颗行星进行后续观测，以准确测量它们的大小和温度，同时也搜寻在其周围是否还有其他行星存在的证据。SuperWASP 希望在未来几年里能够找到数十颗具有凌星现象的新行星。

# “智能 1 号”小档案

欧洲首个月球探测器“智能 1 号”的英文名叫“SMART - 1”，是“用于先进技术研究的小型任务 1 号”的缩写。探测器全部由低成本、小型化的尖端技术部件构成，造价约 1.1 亿欧元。

（1）体貌。重仅 367 千克，体积约 1 立方米，相当于一台洗衣机大小。两个太阳能电池板伸展开后长约 14 米。

（2）主要装备。装备了高清晰度微型摄像机、红外线及 X 射线分光计等最新探测设备，这些设备从月球轨道拍摄并传回了月球表面的 2 万多张图像，清晰程度前所未有。X 射线分光计帮助科学家第一次获得月球表面钙和镁等化学元素的含量数据。

（3）任务。探测月球表面化学元素，了解月球的构成；拍摄迄今最详细的月球地理图，以期破解 45 亿年前月球形成的奥秘；在月球表面寻找冰冻水的证据，为人类是否要在月球建立永久基地提供各种数据资料。

（4）推进系统。推进系统能够依靠太阳能来驱动，其太阳能离子发动机可将太阳能转化为电能，再通过电能电离惰性气体原子，喷射出高速氙离子流，为探测器提供主要动力。这种新型发动机利用燃料的效率比普通化学燃料发动机高 10 倍。

（5）行程。2003 年 9 月 27 日由欧洲阿丽亚娜 - 5 型火箭搭载从法属圭亚那的库鲁航天发射中心升空。经过近 14 个月的飞行，探测器于 2004 年 11 月 15 日进入月球“大门”，即太空中月球引力作用大于地球引力作用的边界位置，此后探测器不断调整位置并逐渐进入预定月球观测轨道。2006 年 9 月 3 日，探测器将按计划撞击月球，以“砸”出月球尘埃供天文学家研究。

## 太阳系行星的新标准是什么？天文学家详细解释

细心的公众可能会发现，在2006年8月，第26届国际天文学联合会大会新的方案中，卡戎星荣升二级行星，而比卡戎星大两三倍的月球不能荣升二级行星；谷神星能荣升二级行星，而比谷神星大的塞德娜星却不能荣升二级行星。这是为什么？

我国行星专家、中科院紫金山天文台研究员王思潮表示，这主要与此次提案中提出的太阳系行星的新标准有关。

据了解，行星称呼的提出已有几千年的历史，古代人们将在恒星之间“游走”的星星称为行星，当时就发现了金、木、水、火、土五大行星。随着望远镜的发明，天文学家又先后发现了天王星、海王星和冥王星。1930年，冥王星被发现时，人们以为它比地球还大，因此称其为大行星，这样就连地球一起有“九大行星”之称。

70年来，随着冥王星的大小被确认以及柯伊伯带塞德娜星和齐娜星的发现，冥王星的大行星地位开始动摇。王思潮介绍，国际天文学联合会为此专门成立了一个行星定义委员会，经过两年多的研究和讨论，提出了太阳系行星的新标准，这个标准是以天体的引力性质来确定行星身份的。要成为行星需要符合两个条件：一要有足够大的质量，有它自身的引力，能超过刚性天体的力，这样该天体就处在一种流体静力平衡，通俗地说，也就是该天体大体上呈现为球状；二是它绕恒星公转，而它本身既不是恒星，也不是引力中心在主星内部的行星卫星。

按照新的行星标准，冥王星与其他8颗大行星之间的差异明显，于是这次提案中提出了将行星分为两级，第一级是经典行星，也就是俗称的大行星，不仅大，而且大体上以圆形的公转轨道在黄道平面附近公转（黄道平面是地球绕太阳公转的平面）。而二级行星直径比较小，有些矮行星的轨道也很奇特，这就是为什么冥王星降半级的原因。

王思潮解释，塞德娜星虽然直径比谷神星大，但还没有达到行星的外形呈球状的新标准，所以它不能升为二级行星。

那么为什么卡戎星比月球小得多，却能荣升二级行星呢？王思潮说，这是因为行星的新标准还规定在一个绕恒星公转的多天体系统中，如果主天体是行星，次天体也是球状，又满足一定的条件也可称为行星，也就是主天体和次天体之间的引力中心不在主天体的内部，这样卡戎星就符合这个条件。而月球和地球之间的引力中心在地球内部，所以月球虽大，但不能荣升二级行星。

## 宇宙线等离子体绕银河系中心旋转

中日科学家合作论文，介绍了有关高能宇宙线各向异性，以及宇宙线等离子体与星际间气体物质、恒星共同围绕银河系中心旋转的最新结果。

这次由中日两国科学家合作的论文，是依据在我国西藏羊八井宇宙射线观测站的“西藏大气簇射探测器阵列”所获得的、积累近9年的近400亿观测事例的实验数据的系统分析后完成的。

实验结果表明，在太阳系附近观测到的宇宙射线的流强有和“风”相似的地方，带电宇宙射线流量的不均匀性很可能反映了银河磁场的某种大尺度结构。科学家还发现了新的宇宙射线“风”源，其中除了高能带电粒子的贡献之外，估计还有中性伽马射线的贡献。这些现象有可能暗示在这个方向有离太阳系不太远的宇宙射线的加速源。

实验结果还表明，作为整体的宇宙射线等离子体，在太阳系的附近是和太阳系一样围绕银河系的中心旋转的。由此推测，在整个银河系里，宇宙射线等离子体都和恒星与气体物质一样环绕银河系的中心旋转。通过对银河系中性氢原子21厘米谱线的观测分析和模型研究，科学家已经认识到在银河系不同半径处的物质旋转角速度是不一样的，即小半径处转得快，大半径处转得慢。由此，他们推测宇宙射线等离子体在银河系不同半径处与物质共转因而具有不同的角速度。这里，银河系磁场是连接星际间物质和宇宙线等离子体的关键“纽带”。这些实验观测结果为研究宇宙射线起源、加速和传播等问题提供了宝贵的实测信息，并

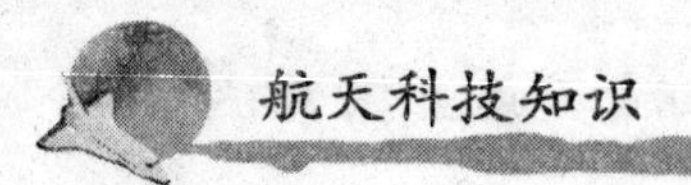


为银河系大尺度磁流体密度波和同步辐射侦测手段的进一步研究提供了重要的实验依据。

## 科学家发现火星地貌形成的原因

Queen 大学的科学家发现了能解释火星表面多山地貌的矿物，这为 NASA 的下一次火星探测计划提供了指导。

Queen 大学地质学者荣·佩特森（Ron Peterson）博士表示："围绕着火星运行的卫星显示其表面有似乎是由洪水或冰水沉积作用造成的峡谷和沟槽。这些现在存在于火星表面的峡谷说明过去在这星球表面存在大量的水。"

佩特森说，过去的火星应该是湿润的。所有卫星传回的沟槽的照片都显示出层状结构，这显然是由水流造成的沉积作用形成的。而且这种程度的水沉积作用需要大量水的存在。

结果发表在美国地理学会刊物《Geology》上，作者表示如果能从火星表面取回一定的样品就能更好的确认这一发现。佩特森和 NASA 的人员在休斯敦的 Johnson 空间中心会面，分享他的研究结果，并为下一次火星探测制订计划。

佩特森用泻利盐得到了以上发现，他使用低于冰点的温度使溶液保持结晶状态数天之久，这能形成具有特殊性质的晶体。然后晶体迅速融化，形成类似沟槽等的结构，就像火星上发现的那样。

火星表面或许通过类似方式形成了现在的样子。Peterson 说，很多年前火星表面的水和岩石相互作用，形成了层状结构，一旦这些物质融化，就会得到山谷等。

佩特森最后表示："这些发现能帮助我们更好地了解火星。我们还能发现火星和地球的不同，大气，重力等。但无疑也有很多是类似的。"

## 我们的地球会不会变成第二个火星

人类对火星的探测记录，已经有过 30 多次了，至今成功的也就三分之一。

人类为什么对火星如此有兴趣？中国空间技术研究院高级工程师袁树真说，人类探测火星，主要出于两个目的：一是研究火星为什么会是这样，今后地球会不会也变成第二个火星；二是研究火星上究竟有没有生命和微生物，是否适宜人类生存，今后有没有可能变成第二个地球。

火星距地球最近，其表面也有山脉分布、酸碱土壤，与地球结构非常接近。这两颗非常相近的星球，是“火星变地球”，还是“地球变火星”，最终还得看人类自己。

人类在探索宇宙的过程中，应该充分地认识到自己的渺小。在“勇气”号成功登陆之前，欧洲航天局刚刚公布了一个令人伤心的消息，与“猎兔犬 2 号”火星登陆器的第八次联系以失败告终，渺小的“猎兔犬 2 号”被火星玩完了；尽管受挫，但这并不妨碍他们制定雄心勃勃的“极光计划”，该计划就包括30 年后将人类送上火星的一项。想想吧，即使人类抵达火星，迈出“非凡”的一大步了，但对于浩渺的宇宙来说，还是可以忽略不计的咫尺之间。1969 年7 月20 日，“阿波罗”飞船登陆月球成功，美国宇航员阿姆斯特朗率先踏上月球的土壤，当时他那句“个人一小步，人类一大步”的宣言，响彻全球，确实让人类骄傲。但是，我觉得今后类似的话应该倒过来说：人类一大步，宇宙一小步。

蒙田在他的《随笔录》中说：“人连宇宙的分毫也不能认识，更谈不上指挥和控制宇宙了。”宇宙至今没有给人类一个支点，所以人类至今还没有撬动地球。可是，人类总是把自己当成是地球之王，甚至有时还自以为是宇宙之王。地球上的人类，干了多少加速让地球变成“火星”的事？只有一个天，只有一个地，只有一个太阳，只有一个家，地球这个人类的家园，就是在人类自己的手上变得越来越像“火星”。

## 还有别的“我们”存在吗

茫茫宇宙中，有数不清的星球，说不定就会有一颗是和地球是一样或是类似。那么那颗星球上会有生命吗？生命体和地球上一样吗？真的有外星人吗？当人类开始思考地球以外的生物世界时，首先是各种猜想、各种神话传说，例如，在中国有玉皇大帝、王母娘娘，有奔月的嫦娥仙子及在月宫外砍桂树的吴刚，有各路神仙和四海龙王，当然还有妖魔鬼怪；在西方则有天上诸神之王宙斯及神后赫拉、太阳神阿波罗等神话。

15 世纪时，欧洲的文艺复兴运动引起了人们宇宙观的大革命。波兰天文学家哥白尼提出的日心说，撼动了延续 1400 多年的地心说宇宙体系。哥白尼学说的主要传播者之一，意大利思想家布鲁诺曾这样写道：“（宇宙中）存在着无数的太阳，存在着无数绕自己太阳运转的地球，就像我们的七个行星绕着我们的太阳运转似的……在这些世界上居住着各种生物。”17 世纪初，意大利伟大的科学家伽利略首先把望远镜应用于天文观测，从此结束了人类肉眼观天的时代。他通过望远镜看到了月球上的高山、深谷和平原，发现金星也有类似月亮的圆缺现象，发现了木星的四颗卫星、太阳黑子，等等。他的一系列天文发现，启发了他同时代人的想象力。

从 19 世纪以来，世界各地不断地出现目击不明飞行物（英文缩写为 UFO）的报道或传闻，特别是 20 世纪 50 年代开始的空间科学时代以来，“UFO”、“飞碟”、“外星人”的目击事件与日俱增。在一些报道中，UFO 像是“幽灵”一样出没于地球的空域。随着宇宙科学的发展，人们愈来愈关切，在茫茫的大宇宙中，除了地球人之外，究竟有没有“外星人”，或者说，是否存在地外智慧生命？如果说有，他（她）们究竟是什么模样？生活在宇宙的何方？地球人应怎样寻找他（她）们呢？

对于 UFO 及飞碟现象，有人深信不疑，有人不屑一顾。但是相信者往往夸夸其谈，口若悬河，却说不出了个所以然，只是简单地下结论说是某种神秘力量等等。由于很难用科学来解释，所以不信的人不屑一顾。在 20 世纪 70 年代，许多国家都建立了各种 UFO 研究组织。我国于 1979 年 9 月，成立了一个民间社团“中国 UFO 爱好者联络处”，后更名为“中国 UFO 研究会”，在全国有 40 多个分支机构。此后不久，国内唯一的一本 UFO 刊物《飞碟探索》杂志创刊发行。

随着探索的深入，人们关于地外生命的想法似乎变得愈来愈具体了。在人类

文化历史上，不管是唯物主义还是唯心主义者，都有人认为地球决非智慧生命唯一的栖息地。

我们现在都知道，行星上生命的发生和发展，必须要满足一系列的条件，譬如说，行星上生命的诞生、存在和发展，均离不开自身发光、发热的天体——恒星。而恒星是由气体尘埃云收缩而形成的。对于密度很低的原始星云，通常是在自身引力作用下收缩，渐渐变成一个自转着的扁平圆盘（称为吸积盘），于是中央主要部分因密度增大、温度升高发生热核反应而形成恒星，其周围的物质盘逐渐形成行星系统，例如我们的太阳系。遥望无边无际的星空，人们自然会提出一个很自然的问题：太阳系中，还有没有像人类或者超过人类智慧的生命？

在宇宙中，虽说地球好似一个微不足道的行星，但对于我们人类来说，它却是最亲密的和生命攸关的天体。地球上有充足的水和含氧量高的空气，又有比较合适的温度，这与它距离太阳的位置等条件有很大关系。但是距离太阳最近的两颗行星水星和金星，水星的白天非常酷热，夜间却极端寒冷，厚厚的金星大气主要是二氧化碳，存在严酷的温室效应，所以任何生物根本无法生存。火星在地球轨道以外，虽说距离太阳不算太远，但比起地球来，其气候异常寒冷，常有尘沙风暴，生物无法生存。空间探测表明，木星和土星上也没有任何生命存在。位于太阳系边远空域的天王星和海王星，根据空间探测以及地面各种观测知道，它们的环境也不适宜任何智慧生命存在。到目前为止，所有的太阳系探测结果表明，尚未发现和证实哪里还有像地球这样适于智慧生命栖息的星球。

关于地球以外的智慧生命，人类首先想到的是离我们最近的月球。尽管理论与观测均已作出否定的答案，现代仍有一些人企图从月球上探寻什么智慧生命。例如有人设想：月球很可能是一个可以居住外星人的空心体。当年阿波罗登月飞船落在月面的时刻，指令舱中的记录仪记录到长达 15 分钟的持续震荡波。有学者据此认为，若月球是实心体，那么在碰击后产生的震荡波至多持续 5 分钟，不会如敲击木鱼般的回荡。由此，关于月球可能是空心体的猜想便出现了。通过对月岩标本的分析研究，发现其金属含量很大，其中铁等亲氧金属不发生氧化。据此，有些人竟然宣称，月球可能是由外星人人工制造的一个空心体，其中必有一些鲜为人知的秘密，诸如月球内部可能是一个奇妙的生态体系，里面藏着一些相当文明的智慧生命，等等。遗憾的是，这种设想终归是胡思乱想。这不过是在现代社会出现的新“嫦娥奔月”神话而已。

关于月球上的智慧生命还有一个曾轰动一时的“月球骗局”。事情发生在1835年8月，美国新创办的《纽约太阳报》急于打开销路，为吸引读者，报社聘请英国作家洛克撰稿。洛克在撰稿时，选择了英国天文学家约翰·赫歇耳正前往非洲南部的开普敦去观测研究南天星空这件事，洛克连篇杜撰了月亮有理性生物的故事。他说，赫歇耳的望远镜能分辨出月亮表面约18英寸（45厘米）的物体，因此看见了月亮上有罂粟似的鲜花和紫松等树木，还有一个碧波荡漾的湖泊，以及类似野牛、齿鲸等大型动物，更令人惊奇的是看到了一种外貌像人但长有翅膀的动物。文章这样写道：“它们的姿势，尤其是手和臂的动作看上去热情而有力。因此，我们推论他们是有理性的生物”。此文一出，许多人盲目地信以为真，该报也一度成为当时最畅销的报纸。

但是天文学家们很快拆穿了这种骗局。事实说明，如果想分辨清楚月面上45厘米大小的物体，光学望远镜的口径至少得有570米那么大，而人类至今也未造出这么大的望远镜。当时虽然还没有一位天文学家登上过月球，但由地面天文观测分析都“无情”地说明了这样一个事实：月球是一个荒凉死寂的、无水和大气的世界。今后，关于地外文明之争还会持续下去。人类也许能在争论里得出结论。

## “UFO”与“飞碟”

关于是谁最早发现了UFO，这一问题目前尚无确切答案。目前比较被大众接受的解释是这样的：1878年1月，美国得克萨斯州的农民马丁在田间劳动时，忽然望见空中有一个圆形的物体在飞行，马丁将这一现象告之媒体，一时间，美国有150家报纸争相报道马丁的发现，这是人类历史上最早的“不明飞行物”的报道。由于“不明飞行物”的英文是“Unidentifled Flyig Object”，其缩写为

“UFO”。后来UFO就成了出现在天空或地表附近的各种奇异的发光的飞行物体的代名词。据1954年美国空军部一份情报文献所载，“UFO”是指空中一切这样的物体：其性能、空气动力学特征和某些特殊的细部不同于目前为人们所知道的任何类型的飞机或导弹，或不能被肯定为常见物体（如气球、星体、鸟群等）。

关于UFO人们看法不一，某些人认为UFO的出现属于地球自然现象，有些人则相信它是来自太空深处的宇宙飞船。由于它的出现毫无规律性而且转瞬即逝，加上存在不少虚假的描述，即使是高水平的科学家也无法解释所有的UFO报告。在第二次世界大战期间，英国和美国的一些空军飞行员声称，他们曾在太平洋和大西洋上空多次发现过圆形发光物体，称其为“胡来战斗机”。据他们叙述，这些“战斗机”有着高超的飞行本领，它们有时能围着飞行员的飞机飞行，又能从机旁掠过；有时既能追逐飞机，又能迅速离开。起初，他们还误以为这些“胡来战斗机”是德国法西斯的新式武器，后来才发现它们并无任何敌意。

1947年6月24日，美国联邦警察局局长凯尼恩·阿诺德驾驶飞机执行一项救难任务——寻找一架失事的C—46运输机。当他飞行到华盛顿伦尼山附近，飞机升到3500米高空时，突然发现机弦旁亮起一道闪光！他立刻在空中来了一个大转弯，发现有9个闪闪发光的耀眼的物体排成梯形，从他的飞机前方由北向南飞去。“每个飞行物都跳跃式地前进，就像水上打漂的碟子”，“估计它们的半径为15米左右”。他事后向人们这样口述道，此事在美国轰动一时，新闻媒体广泛报道。阿诺德还根据地面背景（山峰）作了测量，计算出发光体的飞行速度不小于每小时2700千米。这在当时是一个令人不敢相信的超高速，因为那时世界上还没有发明出超音速飞机。当报纸刊载上述消息时，记者们采用了“FlyingSaucers”（飞碟）一词。

美国防军空军部（AAF）对此事很关注，起初他们怀疑是前苏联人的秘密武器。但航空工业界却认为，前苏联的技术不会有那么先进，反而猜疑那可能是美国人自己的东西。因为美国海军在十几年前就搞了一个XF5－1工程，研制当时最保密的武器，海军称为“飞饼”，样子就很像飞碟。但是后来不知何故，海军撤销了这一工程。对于这种涉及国家安全的军事机密，一般人当然是无法了解其

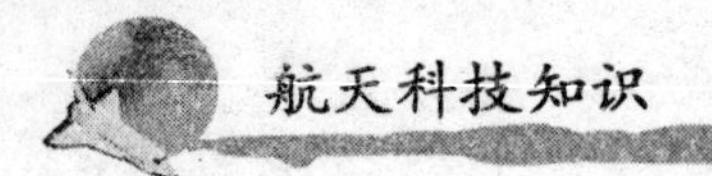



真相的。

在飞碟出现后相当长的一段时间内，人们也开始着手制造飞碟。1953 年，美国诺克希德飞机公司提出了圆盘形双凸面飞行器的设计专利，其外形跟飞饼相似。其专利报告称，它的优点是高飞行速度兼具垂直起降能力。这种形状使得结构更加牢固，在垂直起降时，整机保持稳定；又由于轮廓曲线平滑，使其在空气动力学上更具有优势。几乎在同一个时期，英国人也在搞这种行动。著名的爱务路公司也在研制飞碟，他们还与加拿大政府合作，在多伦多郊外建立了工厂，但是他们的设计不为加拿大方所接受，最终合作告吹。美国空军却看中了这个设计，并与 1954 年正式跟该公司签约，提出一个绝密的、代号为“606A”的武器系统计划。据知情人士透露，这种飞碟式飞行器直径有 30 英尺（9.1 米），最高时速 1600 英里（2574 千米）。由于这种飞机存在不稳定性，而且始终是最大的缺点。军方于 1961 年放弃了这个计划。

虽然“UFO”与“飞碟”并不是一个概念，UFO 的范围更广一些。但是人们发现的多数不明飞行物都是碟状的，所以飞碟一词便被人们用作不明飞行物（UFO）的代名词，并立即风行全世界，各种各样的发现的报告接二连三地向警察局、空军部、新闻机构及科学家们的办公室递去。到 1968 年为止，仅美国收集到的“飞碟”报告就达 12618 起。

## UFO 到底是什么

依照现代天文学的观测结果，银河系的直径为 8 万到 10 万光年，尽管我们不排除有类似地球文明的存在，但是在如此广阔的宇宙空间里，为数不多的文明世界相互采访简直像大海捞针一样。有科学家计算过，假如银河系有 100 万个文明世界，每个世界每年必须发射 10000 艘飞船，才可能有一艘来到地球上。可见，对 UFO 事件应采取谨慎态度，在证据不足的情况下，不可贸然采取行动。例如，1948 年 1 月 7 日美国飞行员曼特尔驾机追踪一只“飞碟”，结果机毁人亡。后来的调查表明，那个“飞碟”是一个用于科学实验的“高层大气等高探

测气球”。1963 年 12 月 15 日美国拍摄的火箭发射纪录片中，意外地出现了 UFO 镜头。后来查实，那个 UFO 原来是明亮的金星。英国有关部门曾对 1967～1972 年间的 1631 个飞碟事件进行了调查，分析结果表明其中的 203 件是人造天体（卫星或其他飞行器的碎片），108 件是气球，705 件是飞机，121 件属于大气中的光学现象，170 件实际上是一些明亮的天体。余下的 279 件中，106 件仍有待于进一步的调查研究。

在美国，美国空军曾执行了一项著名的“蓝皮书计划”。这个计划在 1969 年宣告停止，前后共研究了 22 年。1977 年初，有关此项计划的所有资料和档案，均被送到美国档案管理处，其内容包括 12600 件目击报告，其中 12000 件报告所述的 UFO，当局均以已知物体作出解释，例如飞机、气球、云彩、流星、鸟、人造卫星及光线反射等。但是对另外的 585 个 UFO 报告却无法用一般的物理及大气现象来说明。科学家们是严肃地对待各种 UFO 报告的，因此，使得不少 UFO 报告的神秘外衣很快被揭开。

科学家们经分析后得出的结论是：UFO 可能是一种自然现象，也可能是一种幻觉、骗局。例如，蓝皮书计划记载一件发生于 1948 年的著名 UFO 事件：“1948 年 7 月 24 日的凌晨 3 时 40 分，一位驾驶员和一位副驾驶员在驾驶 DC－3 型飞机时，迎面看见一个物体从他们的右上方掠过，急速上升，消失在云中，时间大约有 10 秒钟……这个飞行物似乎有火箭或喷气之类的动力装置，在它的尾部放射出大约 15 米长的火焰。该物体没有翅膀或其他突起物，但有两排明亮的窗子。”事实上，那天夜间正好有流星雨，所以，天文学家认为这个奇怪的物体实际上是远处的一颗流星。

人的眼睛有时会把一些小圆点视为一条线，或者将某些不规则形状的物体看成一种熟悉的东西，甚至在某个观察角度和一定的天气条件下，即使一些视力良好、有理智的人也会把一颗星或一架飞机看成一种其他物体。天文学家门泽尔就遇到过这样的情况：1955 年 3 月 3 日夜间，他在靠近白令海峡的北极地带飞行时，突然看到一明亮的 UFO 闪烁着红绿两色的光芒从地平线的西南方射向飞机。在离飞机大约 100 米的地方，它突然停止了。飞行物的直径约相当于满月的三分

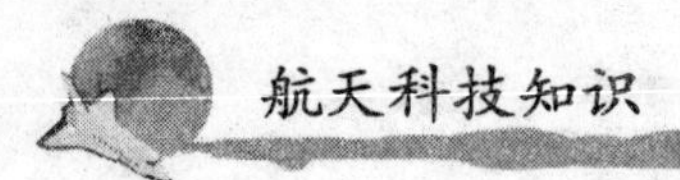


之一。它忽而消失在地平线，忽而又返回。这时，门泽尔突然意识到这是天狼星的模糊形象，天狼星似隐似现是由于远处的群山挡住了星光的缘故。

1968年，由美国科罗多州立大学开展了对UFO的学术研究，著名的物理学家康顿博士主持领导了UFO研究工作，有几十位专家学者参加了这一学术活动。最后，他们撰写出长达1500页的《UFO的科学研究》学术报告，经国家科学院审查后于1969年公开发表。报告的结论是：没有根据证实UFO是天外来客，对此无需做进一步研究。据此，美国空军于1969年12月终止了“蓝皮书计划”。

尽管“蓝皮书计划”结束了，但许多人对上述学术报告不满意，原因是报告中回避了一些无法解释的现象，人们批评这不是科学的态度。以担任“蓝皮书计划”顾问长达20年之久的美国天文学家海尼克博士（1910～1986）为首的一些科学家，于1973年创立了UFO研究中心，办有《国际UFO报告》杂志。海尼克博士曾是一位飞碟否定论者，但后来他终于改变了态度。1976年，他对记者们说：“对UFO材料假装不知，直至否定目击者的人格，这是科学家的良心所不允许的，轻蔑与无视绝不是科学方法的一部分”。随着科学的发展，也许科学家们将最终揭示UFO的庐山真面目。

## 地外智慧生命假说

严肃的科学家们认为，外星智慧生命的存在，从理论上讲是完全可能的。但各种发现外星人的消息，却大都不足为信。然而仍有一些被认为可靠而目前科学界尚无法解释的事件，以至某些不可理解的史前奇迹，又是否与外星智慧生命有关呢？这一切仍然是个谜。对于目前外星人的存在情况，科学家们提出了种种可能的设想，这些设想很大胆，现在看来也很离奇，我们不妨来了解一下，没准这些假说有一天会变成客观的存在。

### 地下文明说

这种假说认为，在地球内部存在另一个文明世界。据悉，美国的人造卫星“查理7号”到北极圈进行拍摄后，在底片上竟然发现北极地带开了一个孔。这

是不是地球内部的人口？另外，地球物理学者一般都认为，地球的重量是6兆吨的上百万倍，假如地球内部是实体，那重量将不止于此，因而引发了“地球空洞说”。一些石油勘探队员都在地下“发现过”大隧道和体形巨大的地下人。我们可以设想，地球人分为地表人和地内人，地下王国的地内人必定掌握着高于地表人的科学技术，这样，他们——地表人的同星人，乘坐地表人尚不能制造的飞碟遨游空间，就成为顺理成章的事了。

### 杂居说

该观点认为，外星人就在我们中间生活、工作！研究者们用一种令人称奇的新式辐射照相机拍摄的一些照片中，发现有一些人的头周围被一种淡绿色晕圈环绕，可能是由他们大脑发出的射线造成的。然而，当试图查询带晕圈的人时，却发现这些人完全消失了，甚至找不到他们曾经存在的迹象。外星人就藏在我们中间，而我们却不知道他们将要做什么，但没有证据表明外星人会伤害我们。这种说法被好多导演表现在他们的影视作品中，比如大名鼎鼎的《X档案》、《黑衣人》等。

### 人类始祖说

这种假说认为，人类的祖先就是外星人。大约在几万年以前，一批有着高度智慧和科技知识的外星人来到地球，他们发现地球的环境十分适宜其居住，但是，由于他们没有带充足的设施来应付地球的地心吸引力，所以便改变初衷，决定创造一种新的人种——由外星人跟地球猿人结合而产生的。他们以雌性猿人作为对象，设法使她们受孕，结果便产生了今天的人类。

### 平行世界说

我们所看到的宇宙（即总星系）不可能形成于四维宇宙范围内，也就是说，我们周围的世界不只是在长、宽、高、时间这几维空间中形成的。宇宙可能是由上下毗邻的两个世界构成的，它们之间的联系虽然很小，却几乎是相互透明的，这两个物质世界通常是相互影响很小的“形影”状世界。在这两个叠层式世界形成时，将它们“复合”为一体的相互作用力极大，各种物质高度混杂在一起，进而形成统一的世界。后来，宇宙发生膨胀，这时，物质密度下降，引力衰减，从而形成两个实际上互为独立的世界。换而言之，完全可能在同一时空内存在一个与我们毗邻的隐形平行世界，确切地说，它可能同我们的世界相像，也可能同我们的世界截然不同。可能物理、化学定律相同，但现实条件却不同。这两个世界早在200亿~150亿年前就“各霸一方”了。因此，飞碟有可能就是从那另一个世界来的。可能是在某种特殊条件下偶然闯入的，更有可能是他们早已经掌握了在两个世界中旅行的知识，并经常来往于两个世界之间，他们的科技水平远远超出我们人类之上。

### 四维空间说

四位空间说认为，UFO 就是来自于第四维，UFO 的乘员在玩弄时空手法。一种技术上的手段，可以形成某些局部的空间曲度，这种局部的弯曲空间再在与之接触的空间中扩展，完成这一步后，另一空间的人就可到我们这个空间来了。正如各种目击报告中所说的那样，具体有形的生物突然之间便会从一个 UFO 近旁的地面上出现，而非明显地从一道门里跑出来。对于这些情况，上面的说法不失为一种解释。